U0241515

比较建筑学的可能性

看穿建筑形式里的诡

黄恩宇 著

图书在版编目（CIP）数据

看穿建筑形式里的诡：比较建筑学的可能性 / 黄恩宇著. —北京：生活 · 读书 · 新知三联书店，2015.1
ISBN 978－7－108－05062－5

Ⅰ. ①看… Ⅱ. ①黄… Ⅲ. ①建筑学－研究
Ⅳ. ①TU－0

中国版本图书馆 CIP 数据核字（2014）第 122708 号

本书经由典藏艺术家庭股份有限公司
授权生活 · 读书 · 新知三联书店在中国大陆出版发行

责任编辑 王振峰
装帧设计 薛 宇
责任印制 郝德华
出版发行 生活 · 讀書 · 新知 三联书店
（北京市东城区美术馆东街 22 号 100010）
网 址 www.sdxjpc.com
经 销 新华书店
印 刷 北京图文天地制版印刷有限公司
制 作 北京金舵手世纪图文设计有限公司
版 次 2015 年 1 月北京第 1 版
2015 年 1 月北京第 1 次印刷
开 本 720 毫米 × 965 毫米 1/16 印张 13.75
字 数 80 千字 图 272 幅
印 数 0,001－7,000 册
定 价 48.00 元
（印装查询：01064002715；邮购查询：01084010542）

目 录

前 言

由传统的建筑史研究迈向新的比较建筑学

传统建筑史研究典范的局限性

19 世纪后，艺术史在西方逐渐成为一门独立的学科，建筑史研究是艺术史领域中相当重要的一部分。建筑史研究即是借由分析建筑的“形式”（form）与“内容”（content）以及此两者之间的关系进而讨论建筑在历史上所呈现的意义。这一百多年来，建筑史研究已树立起各种传统“典范”（paradigm），这些典范对于形式与内容有着不同的认知，更因此发展出不同的方法论体系。很多建筑分类与命名，往往来自这些传统典范，虽然这已带给我们丰富的建筑研究成果，但无法否认，这些传统典范在今日已经出现了局限性。

第一种传统典范是将建筑视为“特定历史与文化脉络下的艺术创作”。在此典范下，如同绘画与雕刻，建筑就像是一个艺术“作品”，建筑师是此作品的“创作者”。故此，在探讨建筑作品的“形式”之前，必须先探讨建筑师所处的历史、文化氛围，并分析在此氛围下，建筑师的独特创作“理念”，因为理念即是建筑的“内容”。然而，这种高度强调创作者理念与建筑作品之间关系的典范，却无法讨论历史上那些没有建筑师参与的丰富建筑现象。

第二种传统典范乃是将建筑视为“因时代精神与理念而持续进步与

演化的式样表现”。在此典范下，西洋建筑史被划分成西亚建筑、埃及建筑、希腊建筑、罗马建筑、早期基督教建筑、仿罗马建筑、哥特式建筑、文艺复兴式建筑等，代表不同时代的式样表现，每种式样代表了各时代的精神与理念；这些式样即“形式”，各时代的精神与理念即“内容”。这种典范却无法处理那些不能明确归类于任何式样的建筑现象，更有甚者，不在此西洋建筑式样体系下的非西方建筑被牺牲掉了。

第三种传统典范则明显受到20世纪之现代建筑运动的影响，将建筑视为“机能的体现”。在此典范下，机能就是建筑的“内容”，当此内容充分表达后，即产生建筑的“形式”。如“形随机能”（form follows function）或“形诱发机能”（form evokes function）等名言，都强调了特定形式与特定机能之间的呼应关系，其差别在谁先谁后。这样的典范促使许多建筑史家以使用目的、人类行为与风土气候等面向来讨论建筑形式的呈现。然而，从世界上众多的建筑案例可发现，同样的使用目的、人类行为与风土气候却可产生不同的建筑形式，同样的建筑形式未必反映同样的使用目的、人类行为与风土气候。

第四种传统典范则将建筑视为“技术的体现”。在此典范下，技术就是建筑的“内容”，当技术充分表达后，即可产生建筑的“形式”；技术意指建筑材料、构造或结构原理的掌握。在某种程度上，此典范被包含在上述第三种典范之中，因为某些人认为技术即为机能的一部分。也如同第三种典范的局限性，这种以技术为出发点的第四种典范，无法处理在形式与技术之间没有严格对应关系的建筑现象。

今日，我们正面对更多、更复杂，甚至跨文化、跨地域的建筑现象，前述四种传统典范已不能帮助我们解决疑惑。例如，中国和古罗马的建筑分属不同的式样体系、演化进程与技术传统，亦形成于迥异的风土气候和社会条件之中，但为何北京城和庞贝城都曾出现大量的合院形式住宅？我们该如何解释它们在“形式”上的类似性？我们可以假设它们拥有相同的“内容”吗？是不是在某个层面上，北京城和庞贝城的合院式住宅承载了相同的意义？面对这些疑问时，传统的四个研究典范似乎无法带给我们满意的解答，而我们所需要的，是一个新的建筑史研究典范。

建筑史研究的新典范：建筑作为“实相的再现”

面对传统典范的局限性，荷兰莱顿大学的建筑史教授麦金（Aart J. J. Mekking）提出了一个新的建筑史研究典范：建筑可视为“实相的再现”（Architecture as a representation of realities）。以此典范为基础，发展出一套完整的方法论体系，借由这套方法论体系，我们可重新检视建筑史研究的传统主题，更可讨论跨区域暨跨文化的建筑史研究等新主题，从传统建筑史学迈向“比较建筑学”。

在此典范下，“实相”（Reality）即为建筑的“内容”。这个世界存在着种种可观察、可理解且真实存在的事物，实相意指人类对于这些事物的理解、认知与信念，其可出自于个人，亦可出自于群体的共同经验。前述传统典范中的创作者理念、特定时代的精神、结构原理、机能与技术都可视为是某种实相，但实相所包含的却不只这些。在历史上的建筑实践中，参与者绝非那些少数的建筑师，影响建筑实践过程的也不是那些诠释时代精神、结构原理、机能或技术的少数知识分子，更包括了业主、营造者、工匠以及众多的使用者。简言之，实相掌握于全体人类，而非少数分子。这些广大群众的心思意念、意识形态以及对于世界事物的认知，都应被视为是建筑的实相，即便它们可能是随机的、不连贯的、非逻辑的甚至是非理性的。

当“实相”被建筑“再现”（be represented）后，即成为我们所观察到的“形式”。“使再现”（to represent）意指“使呈现”（to make present or to bring into presence）或“使代表”（to typify）；故此，“建筑再现了实相”意味着建筑以其外显形式来“呈现”并“代表”人类对于真实事物的理解、认知与信念。在此典范下，建筑史研究将观察到的建筑现象作为出发点，建筑史的研究目的是探讨这些现象后面存在着“哪些实相”（What Realities），探讨这些实相“如何再现”（How to be represented）。

比较建筑学的可能性

在此典范下，麦金将历史上的各种建筑现象，归纳出几类建筑再现的传统与模式，分为“三种长周期传统”（three long-cycle traditions）与“五种短周期模式”（five shorter-cycle themes）。“长周期传统”可视为建筑再现的基层，其永恒存在于人类的建筑实践中；“短周期模式”则是建筑再现的浅层，为特定时间、地域与文化脉络下可观察到的再现模式。而无论是长周期传统或是短周期模式，都是寰宇性的，只是前者永恒存在且难追溯其起源，而后者则会呈现有始有终的特征。

三种长周期传统，第一类为“拟人体的传统”（Anthropomorphic Tradition），可称之为与“人体呼应的传统”；意味着种种基于人体之隐喻与表达的建筑再现。第二类为“拟自然的传统”（Physiomorphic Tradition），可称之为“与自然呼应的传统”；当人类意识到自身存在后，会再意识到其身所处的环境、世界与宇宙的存在，此传统意味着基于环境、世界与宇宙之隐喻与表达的建筑再现。第三类则是“拟社会的传统”（Sociomorphic Tradition），可称之为“与社会呼应的传统”；当人类意识到自身存在后，会再意识到群体与社会的存在，此传统意味着基于群体或社会关系之隐喻与表达的建筑再现。

五种短周期模式中，第一类为“世界轴与宇宙十字”（Axis Mundi &

Cosmic Cross），意指具有中心、上下、前后左右以及东西南北等概念特征的再现模式。第二类为“生命的视界”（Horizons of Life），意指具有“社会性公平”（social equality）与“世界视野之边界”（limits of world views）等概念特征的再现模式。第三类为“夸耀性的立面”（Boasting Façade），意指那些欲借由建筑外观以表达认同与意图的再现模式。第四类为“包含与排除的结构”（Including & Excluding Structures），意指欲借由空间分割与界定等手段以达到区隔“自我与他者”的再现模式。第五类为“圣域与非圣域”（Holy & Unholy Zones），意指将空间进行神圣、世俗或邪恶之“三分法”（tripartite）区隔的再现模式。

以“建筑为实相之再现”这种典范为基础，跨区域与跨文化的建筑比较研究将是可行的；据此，可比较各种建筑再现的共相与殊相，探讨其意义。此新典范并不仅在建筑史之学术领域上有其重要性，更可为建筑文化资产、古迹保存甚至建筑设计等领域带来新的思考方向。当明了建筑背后的实相与此实相再现的方式后，可以更有效地了解建筑的意义与价值，这些意义与价值将可成为了解建筑文化资产、历史建筑保存与建筑设计的依据。

本书内容以“建筑为实相的再现”作为基础典范，探讨四种建筑现象的主题，分别为“传统与现代之间的虚构藩篱”、“建筑与认同”、“形式的移植与复制”以及“建筑与宇宙实相”，每个主题下各有两章，全书共八章。书中的讨论对象与引用案例除了大家较为熟悉的东北亚建筑之外，亦包含了南亚、东南亚与欧洲建筑，更涉及犹太教与伊斯兰教建筑，这些对象与案例皆为我近年来亲赴各地的观察与记录。

HAWAMAHAL SAREE EMPO

I

传统与现代之间的虚构藩篱

在传统建筑史典范下，人们往往会以“现代”和“传统”来划分建筑。一般人皆认为，建筑的不断演化是“因”，建筑自传统进入现代则是“果”，此演化的动力则来自人类在理性与科学上的进步，而这种进步亦带来建筑材料、技术、机能与空间之观念的革新，因此产生新的建筑形式。人们亦会认为，现代的建筑形式必然反映出现代的材料、技术、机能与空间之观念，因此现代的建筑形式不可能发生于传统建筑上；同样地，传统的材料、技术、机能与空间之观念，也不可能出现在现代建筑上。然而，这些想法却是一种偏见，硬生生地在传统与现代之间构筑了一道藩篱。

本书第一章为《挥之不去的传统——砖在荷兰建筑发展中的角色》，其内容讨论了荷兰建筑由传统进入现代的过程中，人们对于砖材的情感，以及针对这种传统材料的使用所发生的争辩与质疑。最后，砖终于成为荷兰现代建筑的重要表现之一。建筑再现包含了人们对于材料的选择与使用，而砖材的使用既然是荷兰人挥之不去的传统，其中必然蕴含着丰富且值得讨论的实相。

本书第二章为《前现代中的现代——印度斋浦尔的简塔·曼塔天文台建筑群》，其内容以18世纪初印度斋浦尔的简塔·曼塔天文台建筑群为讨论对象，分析这批具有现代主义建筑形式特征的建筑，为何会出现在前现代时期的印度。而我们也将发现传统与现代之间的藩篱并未如我们所想象的坚实，当破除这条虚构的藩篱之后，我们将有更多的机会明了建筑所再现的实相。

一　挥之不去的传统——砖在荷兰建筑发展中的角色

走进任何一个荷兰城镇，首先吸引目光的通常是那些大大小小的砖造建筑，它们搭配着各式各样的山墙，连同随处可见的运河、桥梁与船只，让荷兰的城镇景观在丰富的变化中仍保有高度的整体感。比起欧洲各国，荷兰或许是砖造建筑最普遍的地方，自北至南，自西至东，无论新旧建筑，我们都可以看到砖造建筑的多样呈现。荷兰人似乎对砖材具有某种特殊的情感，因此他们自觉或不自觉地，让这种材料从传统延续到了现代。

乌得勒支（Utrecht）旧城区的典型荷兰城镇景观，有着砖造建筑、运河与桥梁。

砖造建筑在哈勒姆（Haarlem）所呈现的城市景观。

在奈梅亨挖掘出的古罗马帝国时期的砖瓦。摄自奈梅亨的瓦克霍夫博物馆（Valkhof Museum）。

然而我们不得不问，为何荷兰人对于砖材有这种高度的情感？这种情感代表着什么意义？各个时代的建筑潮流是否影响了荷兰人对于砖材使用的态度？现代建筑运动中的新思潮，是否对此产生冲击？故此，我们必须详加检视并讨论在荷兰建筑的发展历程中，砖材所扮演的角色及其呈现的意义。

荷兰传统建筑中的砖

砖是世界上相当普遍的传统建材，在欧洲，最早大规模兴建砖造建筑的应是古罗马帝国。公元前 1 世纪的维特鲁威（Marcus Vitruvius Pollio）在其《建筑十书》（*De Architectura*）中，曾详尽说明砖的特性、分类与施作方式（Vitruvius，42-44）。从大量的古代遗迹中，我们亦可以看到罗马人如何以砖创造出令人赞叹的建筑成就。

在古罗马帝国的年代，当今荷兰所在的地区仍属文明世界的边陲，其境内只有少数罗马人所建立的边防城市。在这些城市里，如位于荷兰东南部的奈梅亨（Nijmegen），可以看到荷兰当地使用砖材的最早痕迹。奈梅亨的各个考古遗址中，就包括了砖瓦烧制厂，附近亦有不少古代砖瓦被挖掘出来。虽然我们不能因此断言其乃古罗马人将砖造技术引进荷兰的证据，但至少我们可以推论，若没有古罗马人，荷兰当地的砖造技术将不会获得提升。在莱茵河下游地区，如德国西北部与日后的低地国地区（de Nederlanden，今荷兰、比利时与卢森堡），石材都相当缺乏，当古罗马帝国急速扩张时，砖则是可应付大量建筑需求的最佳材料，因为砖可以大量生产，其耐久度亦可与石料媲美。

在 11 ～ 15 世纪，由于农、工、商业在低地国地区有了显著发展，许多城市随之兴起，它们陆续地加入了“汉萨同盟”（Hanseatic League），

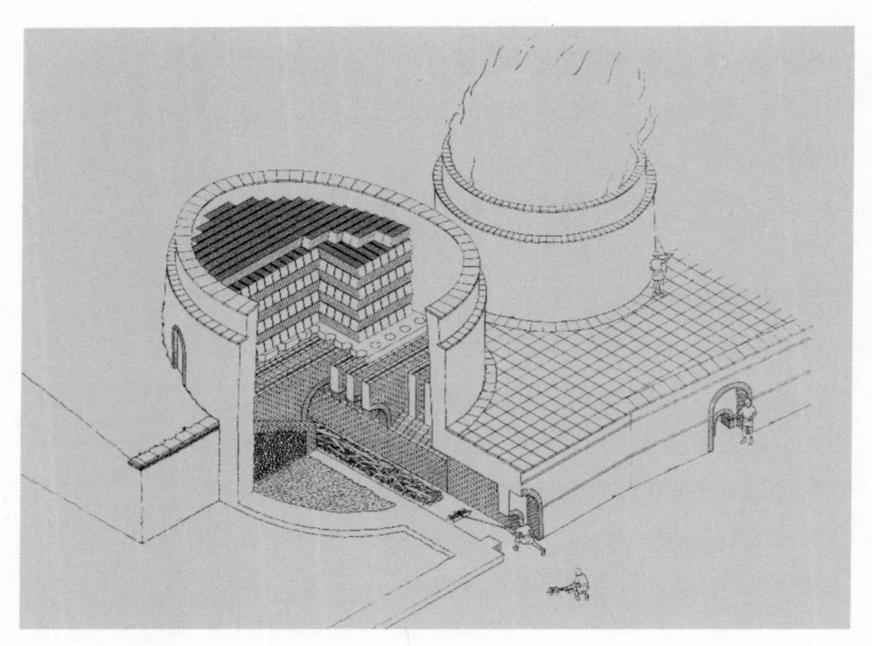

古罗马帝国于奈梅亨的砖瓦烧制厂。
摄自奈梅亨的瓦克霍夫博物馆。

奈梅亨的磅秤所，现已作为餐厅使用，建于 17 世纪。

海牙的骑士厅，建于 13 世纪，
于 1898 年至 1904 年重修。

丹波斯的莫里安街屋，荷兰现存最古老的砖造建筑，建于 13 世纪。

乌得勒支大教堂的高塔，建于 14 世纪。

位于荷兰莱顿的玛勒教堂（Marekerk），
建于 17 世纪。

成为跨区域贸易网络的一员。在宗教与政治地位上，低地国的城市渐显重要，如荷兰中部的乌得勒支成为大主教驻辖的城市。这些变化都替低地国城市带来各方面的提升，亦促使了市民阶级的兴起，以及城镇建筑的快速发展（张淑勤，2005：13-22）。

荷兰热兰省（Provincie Zeeland）的拉玛肯司堡（Fort Rammekens），建于 17 世纪。

从许多案例来看，我们可以发现砖造建筑在此时已广泛运用于各种城镇建筑，如丹波斯（Den Bosch）的莫里安（De Moriaan）街屋与海牙的骑士厅（De Ridderzaal）。当时的荷兰亦使用砖材兴建了许多高耸的哥特式教堂，如乌得勒支大教堂（Dom van Utrecht），它的高度与规模，完全不逊于欧洲其他的石造哥特式建筑。

到了 16、17 世纪，在政治上，荷兰脱离了西班牙的统治，成为一个独立国家；在宗教上，荷兰亦摆脱了罗马天主教的势力，成为一个新教为主的国家。许多南方（比利时）的新教徒因此移民至荷兰，他们带来大量的财富、知识与技术。而且，荷兰人借其海上贸易的霸权与全球视野，让这个小国在各方面都有了惊人的表现，因此在 17 世纪开启了所谓的“黄金时代”（Gouden Eeuw）（张淑勤，2005：57-65）。在文化与艺术方面，荷兰出现我们所熟悉的画家伦勃朗（Rembrandt van Rijn）与维米尔（Johannes Vermeer）等，在建筑方面亦有显著的表现。

为了展现财富、知识与地位，17 世纪的荷兰人纷纷兴建具有华丽山墙的砖造街屋，无论是住宅、学校、市政厅或是工商建筑。此时已摆

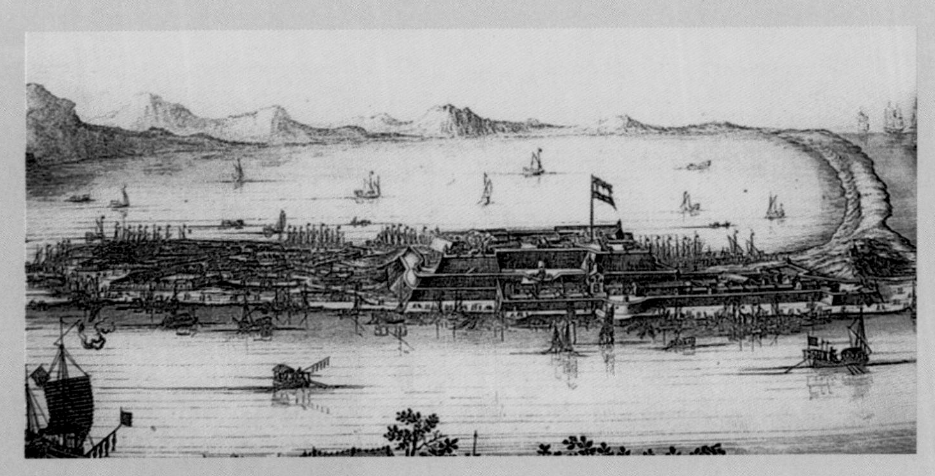

荷兰东印度公司在台湾地区兴建的热兰遮城，建于 17 世纪。

脱天主教势力的荷兰人兴建了许多新教堂，为了与天主教的传统哥特式教堂区隔，这些砖造教堂通常有着向心式的配置与拱顶式的外观。由于海外扩张与军事需求，荷兰人亦以砖兴建各种防御工程，无论是在荷兰本土或是海外的据点，这当然包括了位于台湾地区的热兰遮城（Fort Zeelandia）。17 世纪的黄金时代，荷兰人成功地以砖造建筑标志了其新兴国家的自我认同，确定了自身的建筑传统，他们在砖造建筑上的技术与风格，更影响了周边的国家，甚至世界各地。

荷兰建筑现代运动先驱者使用砖的态度

1796 ～ 1815 年，荷兰经历了法国拿破仑政权的短暂统治，这段时

克伊珀斯设计的阿姆斯特丹中央车站，1889 年完工。

间，虽然法国建筑的新古典主义与其他观念确实影响了荷兰的建筑设计，但荷兰的砖造传统仍然不停地延续下去。在这些新观念的影响下，19 世纪的荷兰砖造建筑再次绽放异彩。

19 世纪下半叶最重要的荷兰建筑师是克伊珀斯（P. J. H. Cuypers），他熟识法国的建筑师暨理论家维欧勒－勒－杜克（E. E. Viollet-le-Duc）与其“哥特式复兴”（Gothic Revival）为基础的“建筑理性主义”（Architectural Rationalism），并将这种观念发扬在他的荷兰砖造建筑作品上。如克伊珀斯在阿姆斯特丹设计的中央车站，除了以砖材表现之外，其陡峭的屋顶以及尖塔明显有哥特式复兴的特征，其部分的立面亦表现了荷兰山墙式建筑的传统（Van Dijk，1999：14-16）。

曾在克伊珀斯事务所工作的伯拉吉（H. P. Berlage），则在维欧勒－勒－杜克之理性主义的基础上，发展出“标准化设计”（standard-setting）的理

伯拉吉设计的阿姆斯特丹商品交易所，1885 年完工。

凡德梅设计的阿姆斯特丹航运大楼，1916年完工。

论，他着重建筑必须吻合当代的材料与社会条件，强调建筑之非个人性的表现。伯拉吉亦认为建筑应弃绝传统形式，以几何、比例及空间的观点，追求建筑的新风格。这些迥异于传统的观念，让伯拉吉获得荷兰现代建筑之父的美誉（Van Dijk，1999：22-23）。

伯拉吉的建筑作品，砖的使用非但没有违背他的理论，更成为理论得以表达的最佳材料。如伯拉吉在阿姆斯特丹设计的商品交易所（De Beurs，1885），朴素的砖造外墙没有多余的装饰，转角的钟塔无华丽的尖屋顶，更有着以空间为主体的内部。伯拉吉晚期在欧特罗（Otterlo）设计的狩猎小屋（Jachtslot St. Hubertus，1919），除了呼应伯拉吉的各种建筑理念外，更表达出所欲追求的新风格。

第一次世界大战后，全欧洲的城市皆面临住宅短缺的问题，此时荷兰兴建了大批砖造住宅。这些住宅建筑没有任何复古主义的特征，却也不走伯拉吉的质朴路线，而是借由砖材的细部做法表现出各种形式的可能，凸

克拉摩设计的海牙贝恩果夫百货公司，1926年完工。

伯拉吉在欧特罗设计的狩猎小屋，1919年完工。

显出建筑表现主义（Expressionism）的态度。1916年，这批建筑师被命名为“阿姆斯特丹学派”（Amsterdam School），他们尊重传统的工匠体系，认为砖、木、金属或玻璃等材料，都应以工匠施作的态度使其成为建筑的一部分。虽然他们和伯拉吉一样，欲追求建筑的新风格，但他们不重视理论与系统化，而是强调个人在建筑上的表现（Van Dijk，1999：30-32）。

从建筑师克拉摩（P. L. Kramer）在海牙设计的贝恩果夫百货公司（De Bijenkorf，1926）与凡德梅（J. M. van der May）在阿姆斯特丹设计的航运大楼（Het Scheepvaarthuis，1916），我们可以看到流线曲面的砖墙，或是搭配着金属与玻璃的特殊砌砖法，这些建筑都像是传统工匠雕琢出来的作品。这些作品可视为是荷兰砖造版本的“新艺术运动”（Art Nouveau）或“艺术装饰运动”（Art Deco）。

荷兰现代建筑运动对于砖材使用的争论

1917年时，荷兰的艺术家凡·杜斯堡（T. van Doesburg）与蒙德里安（P. Mondrian）创办了《风格》（*De Stijl*）杂志，带动了此后风格派的建筑与艺术观念。后凡·杜斯堡受邀至德国包豪斯艺术与建筑学校任教，此举宣告了荷兰自此进入了建筑的现代主义运动。除了包豪斯，风格派成员与著名的美国建筑师赖特（F. L. Wright）亦有密切的互动。风格派成员认同伯拉吉对风格追求的态度，强调新的美感意识与新的艺术表达方式，将可达成追求新风格的目标。他们普遍认为，在艺术的追求上，必须摒弃传统的教条以及过度的个人式表现，“抽象”是最精神化的艺术表现形式，唯有通过抽象艺术，生活才可与艺术紧密结合（Frampton，1968：141-155）。因此我们可以看到，无论是绘画、家具设计、平面设计或是建筑设计，风格派都强调以单纯色块或线条进行抽象式的表达。

在建筑上，风格派虽然没有明确反对砖的使用，但这种具备丰富质感与传统意义的材料，很明显地与风格派的诉求格格不入。因此在他们的建筑作品中，几乎找不到砖造建筑，如里特维德（G. T. Rietveld）于乌得勒支设计的施罗德之家（Schröderhuis，1924），其外观仅有白、黄、红、蓝、黑的面体与线体，而没有任何凸显建筑材料特质的表现。

上世纪20年代时，荷兰出现了更激进的现代建筑运动团体，称为“新建筑”（Nieuwe Bouwen），也是“机能主义”（Functionalism）在荷兰的代表。“新建筑”成员有着强烈的社会主义倾向，认为住宅是建筑中最重要的议题，强调建筑生产应吻合现代的工业体系，并且必须以大量、集体的方式兴建住宅。他们虽然同意伯拉吉的标准化设计理念，但反对他以及风格派或阿姆斯特丹学派关于风格、形式的诉求，阿姆斯特丹学派的砖造建筑甚至被他们讥讽为不具内涵的“皮层建筑”（Façade Architecture）。在“新建筑”成员眼中，建筑是某种科学，而非艺术的表现，建筑与美学、戏剧性或浪漫性彻底无关（Van Dijk，1999：66-68）。

显而易见地，新建筑团体的理念给荷兰砖造传统带来了最大的危机，因为对他们来说，砖造建筑代表的是传统与怀旧，追求形式或美感。而且，砖造建筑必须依赖传统工匠的技艺，这与他们所强调的建筑工业化相违背。很自然地，这些新建筑成员所设计的建筑，只能看到混凝土、玻璃与钢铁等工业化材料。如布里克曼 & 凡·德·夫吕特（Brickman & Van de Vlugt）联合事务所在鹿特丹设计的松内费尔德之家（Huis Sonneveld，1923），只看到白色外墙的混凝土量体，而没有任何传统材料的使用。

在当时的荷兰，并非所有建筑师都愿意接受新建筑团体的理念。如以莫里耶（M. J. Granpré Molière）为代表的“传统主义”（Traditionalism），仍执著于从各种建筑传统中寻求设计灵感，无论是黄金时代的建筑、早期基督教建筑或是传统的乡村建筑。莫里耶曾长期任教于代尔夫特高等技术学

里特维德在乌得勒支设计的施罗德之家，1924年完工。

布里克曼&凡·德·夫吕特联合事务所在鹿特丹设计的松内费尔德之家，1923年完工。

克罗佛勒于莱顿设计的
圣彼得教堂，1936 年完工。

凡・德・史都尔于鹿特丹设计的博物馆，1935 年完工。

校（现为代尔夫特科技大学），故此荷兰传统主义又被称作“代尔夫特学派”（Delft School）。莫里耶在 1927 年改宗为天主教徒，其亦熟悉中世纪神学家阿奎纳（Thomas Aquinas）的美学观念。对他来说，美与真是一体的，“物质与精神”及“材料与形式”的合一，是通达美的唯一途径（Van Dijk，1999：92-93）。

和“新建筑”团体彻底相反，代尔夫特学派的建筑大量使用砖作为主要建材，他们认为借由砖材来表现可达到所追求的美。代尔夫特学派建筑师设计了许多天主教堂，这些建筑往往有着传统配置、高耸的钟塔以及朴实的红砖墙面，呈现出一种中世纪的氛围，若不细察，往往会让人们以为这些是具有数百年历史的教堂，如克罗佛勒（A. J. Kropholler）于莱顿设计的圣彼得教堂（Sint–Petruskerk，1936）。除了教堂，凡·德·史都尔（A. van der Steur）于鹿特丹设计的博物馆（Museum Boijmans Van Beuningen，1935）也给予人们类似的感受。

砖材与现代建筑于“二战”后的融合

由于“二战”的破坏，荷兰再度面临住宅短缺的窘境，荷兰政府扮演了积极的角色，大量兴建住宅。在这个环境下，无论是代表传统主义的代尔夫特学派，或是代表现代主义的新建筑团体，都在战后重建中找到了各自的舞台。1926 年，荷兰出现了一份名为《论坛》（*Forum*）的建筑杂志，借此，各种建筑思潮得以充分交流。然而传统主义与现代主义之间的争执并未因此缓和，荷兰的战后建筑发展继续呈现激烈的路线争议。由于代尔夫特学派的莫里耶在战后的住宅兴建计划中扮演了举足轻重的角色，新建筑团体甚至讥讽他为“代尔夫特式独裁”（Delft dictatorship）。直到 1953 年，莫里耶放弃代尔夫特的教职，传统主义者失去了绝对的影响力，此后两派之间的争端才逐渐缓和，传统主义者开始接受现代建筑的技术与观念，现代主义者则不再强烈地反对传统建筑材料或是对美感与形式的追求（Van Dijk，1999：100-102）。

在这样的气氛下，砖再度在荷兰建筑发展中找到出路。建筑师凡·戴克（W. van Dijk）甚至宣称，新的建筑应致力于“砖与混凝土的结合”（marriage of brick and concrete）。在许多上世纪50年代的荷兰住宅上可以看

布洛姆于鹿特丹所设计的“柱屋”，1984年完工。

上世纪 60 年代于莱顿兴建的住宅。

到，这些拥有所有现代建筑特征的建筑，皆或多或少地使用砖——虽然只是面砖——作为外墙的材料。这代表战后的荷兰建筑师已明确意识到，砖是荷兰建筑中必须尊重的传统，唯有让砖保有它的角色，荷兰现代建筑才能得以继续发展。到了 1980 年代，曾受荷兰“十人小组”（Team 10）与“结构主义”（Structuralism）影响的建筑师布洛姆（P. Blom），在鹿特丹设计了著名的“柱屋”（Pole Dwelling，1984），除了大方地表现出机能与形式的共存外，更在外观上赋予了砖不卑不亢的角色。

砖在荷兰当代建筑中的表现

1990 年后，荷兰建筑呈现多元发展的面貌，许多荷兰建筑师的作品甚至影响了全球的设计观念，这批建筑师被称为“超级荷兰”（Super-Dutch）世代。对他们来说，建筑的现代性早已达成，他们诉求的是在材料、空间、技术、都市或生态观点方面所进行的建筑生产与讨论（Lootsma，2000：9-13）。因此，砖材的使用与否，早已不是问题，甚至没有讨论的必要。但事实并非如此，在这个材料使用已无禁忌的年代，我们可以从荷兰建筑中对砖材的使用上找到许多更深刻的意义。

1993年，一栋代表当代荷兰国家建筑形象的建筑——荷兰建筑学会大楼（Netherlands Architecture Institute），于鹿特丹落成，由建筑师柯伦（J. M. J. Coenen）设计。这个建筑作品，除了可以看到钢、玻璃与混凝土在形

柯伦于鹿特丹设计的荷兰建筑学会大楼，1993年完工。

范·唐恩于鹿特丹设计的集合住宅，1998 年完工。

科尔霍夫在鹿特丹所设计的集合住宅，2005 年完工。

式、构造与机能上的丰富表现外，亦可以看到柯伦使用砖作为一大部分建筑的墙面，就色彩、质感与砌法而言，这面砖墙充分呈现出荷兰砖造建筑的既有传统。这似乎明确地宣告：砖应在荷兰的当代建筑发展中扮演重要角色，荷兰的现代建筑发展必须呼应过去的传统。

荷兰一般民众对于传统砖材的情感更是不言而喻，这反映在许多新建的住宅建筑上，如建筑师范·唐恩（F. van Dongen）在鹿特丹设计的集合住宅（De Landtong，1998），砖是外墙的主要表现材料。甚至到荷兰进行设计的外国建筑师，亦不得不尊重这一强烈的传统，如德国建筑师科尔霍夫（Hans Kollhoff）在鹿特丹所设计的集合住宅（De Compagnie，2005），亦以砖墙来呈现主要外观，甚至此建筑亦被切割成许多小量体，借此再现传统荷兰山墙式街屋的造型。

2000年之后，荷兰出现了大批以面砖作为主要外墙表现的建筑，它们只有整齐分割的立面线条，没有多变的量体，如位于莱顿的希勒玛集团（Heerema Group，2006）大楼。这类建筑被荷兰建筑评论家伊贝林斯（Hans Ibelings）称作“低调建筑”（Unspectacular Architecture），这反映了当代荷兰人尊重传统但不甚认同上世纪90年代多变风格的建筑潮流。代表这个潮流的建筑师多半认为，新的建筑物应努力融入传统都市环境，而非创造出突兀的建筑形式，或卖弄虚幻的建筑理论（Ibelings，2007：62-64）。

当然，在当代荷兰的多元建筑舞台上，使用砖材作为表现的建筑师，绝对不只“低调建筑”。许多新的建筑作品，仍在砖材的表现上不断积极尝试，这些甚至可以视作是上世纪20年代阿姆斯特丹学派设计观念的延续。如威尔森（Peter Wilson）在海牙设计的培提影城（Pathé Theatre，2007），墙面上的砖材表现出多变的立体拼贴，此建筑距离克拉摩所设计的贝恩果夫百货公司不远，不难让人联想到其欲呼应阿姆斯特丹学派砖造表现的诉求。

综观砖在荷兰建筑发展历程中的角色，一开始的时候由于其耐用、容易制造与施作的特性，人们充分发挥其在构造上的意义。随着荷兰的形成与茁壮，在既有的构造意义上，砖开始承担审美与认同的意义。到了 20 世纪，随着建筑生产体系与社会条件的改变，加上现代建筑运动的冲击，砖已经无法再具备任何构造上的优势，但此时荷兰人却无法抛弃其在审美与认同上的传统意义，进而引发了各种砖材使用与否的争议。但如我们所见，这个传统意义是十分强烈的，强烈到即便无坚不摧的建筑现代主义都无法撼动，因此“二战”后，荷兰人再一次接纳了这种传统材料。

位于莱顿的希勒玛集团大楼，2006 年完工。

威尔森于海牙设计的培提影城，2007 年完工。

事实证明，传统材料的存续，无关乎建筑的进步与否，在辩论的过程中，扎扎实实地加深了人们对建筑传统与建筑发展进程的意识。无论生产体系、社会条件与设计观念如何改变，建筑传统终究会在建筑的发展进程中，找到生存之道。

参考书目

- 张淑勤:《低地国（荷比卢）史：新欧洲的核心》。台北：三民书局，2005。
- Ibelings, Hans. Unspectacular Architecture. In: Hans Ibelings (ed.), *A10: New European Aechitecture*. Mar & Apr 2007. pp. 62-64. (2007).
- Frampton, Kenneth. De Stijl: The Evolution and Dissolution of Neoplasticism: 1917-1931. In: Nikos Stangos (ed.), *Concepts of Modern Art: From Fauvism to Postmodernism*. London: Thames & Hudson. pp. 141-159. (2006).
- Lootsma, Bart. *Super Dutch: New Architecture in the Netherlands*. Princeton: Princeton Architectural Press. (2000).
- Van Dijk, Hans. *Twentieth-Century Architecture in the Netherlands*. Rotterdam: 010 Publishers. (1999).
- Vitruvius. *The Ten Books on Architecture*. Trans. Morris Hickymorgan. New York: Dover Publications.

二　前现代中的现代——印度斋浦尔的简塔·曼塔天文台建筑群

对于现代主义建筑的形式特征与起源，我们应该都不陌生，而且当代建筑史家早已下了定论。在形式特征方面，往往有着多样的描述，但大家应不会否认，“简约与纯粹的形式”、“避免多余的装饰”、“真实的材料”与“形随机能”等，是现代主义建筑所共同具备的基本特征。在起源方面，大家可能会认为是西方在 18 世纪初的启蒙运动与 18 世纪末的工业革命带来了知识、社会与技术上的变革，促成了所谓“现代性”

印度斋浦尔的简塔·曼塔天文台建筑，位于沙姆拉特仪的侧边。

印度斋浦尔的简塔·曼塔天文台建筑，此为拉姆仪。

（Modernity）的出现。当现代性于 20 世纪初充分体现于建筑时，即发展出现代主义建筑。据此，对于现代主义建筑的发展，人们建构出一个明确的因果关系：若没有西方的现代性，就不会有现代主义建筑的形式特征。

18 世纪初，西方的工业革命尚未出现，启蒙运动才刚要开始，印度北部的斋浦尔城（Jaipur）却出现了一群具备现代主义形式特征的建筑——简塔·曼塔（Jantar Mantar）的天文台建筑群。由于此时的印度与西方的现代性风马牛不相及，这些天文台建筑的存在，似乎毫不留情地推翻了关于现代主义建筑发展的因果关系。这些有着现代主义特征的建筑，为何会出现在“前现代”的印度？它们的出现具有什么意义？

印度的斋浦尔城

从 16 世纪初开始发展的印度莫卧儿帝国（Mughal Empire），其统治者信奉的是伊斯兰教，在帝国最强盛的时期，领土几乎涵盖整个印度次大

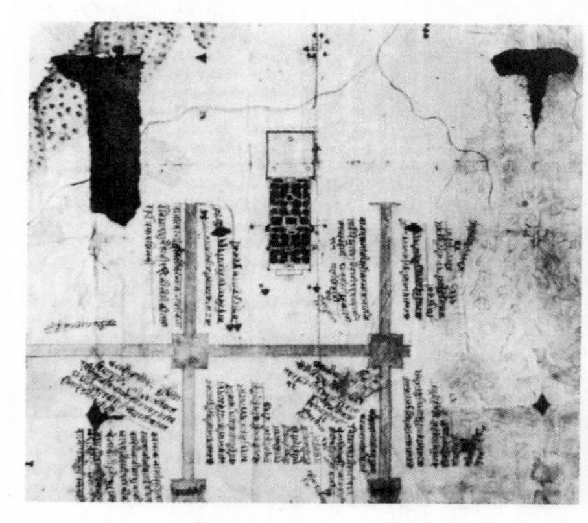

18 世纪初，绘制于布上的斋浦尔城兴建进度报告图。

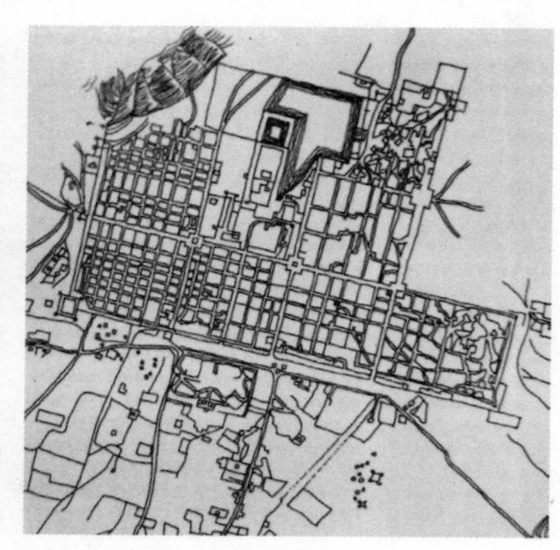

斋浦尔城建造完成时的平面图。

斋浦尔沿街面的建筑。

N

<table>
<tr><td>MARUT</td><td>NĀGA</td><td>MUKMYA</td><td>BHALLĀ-ṬA</td><td>SOMA</td><td>MRIGA</td><td>ADITI</td><td>UDITA</td><td>ĪŚA</td></tr>
<tr><td>ROGA</td><td rowspan="2">RUDRA</td><td rowspan="2">RUDRA-JAYA</td><td colspan="3" rowspan="2">BHŪDHARA</td><td rowspan="2">APAVATSA</td><td rowspan="2">ĀPAVATSYA</td><td>PARJANYA</td></tr>
<tr><td>ŚOSHA</td><td>JAYANTA</td></tr>
<tr><td>ASURA</td><td colspan="2" rowspan="3">MITRA</td><td colspan="3" rowspan="3">BRAHMĀ</td><td colspan="2" rowspan="3">ARYAKA</td><td>MAHEN-DRA</td></tr>
<tr><td>VARUṆA</td><td>BHĀNU</td></tr>
<tr><td>PUSHPA-DANTA</td><td>SATYA</td></tr>
<tr><td>SUGRĪVA</td><td rowspan="2">INDRA-JAYA</td><td rowspan="2">INDRA</td><td colspan="3" rowspan="2">VIVASVAT</td><td rowspan="2">SĀVITRA</td><td rowspan="2">SAVITRA</td><td>BHṚŚA</td></tr>
<tr><td>DAUVĀ-RIKA</td><td>ANTAR-IKSHA</td></tr>
<tr><td>PITṚI</td><td>MṚŚA</td><td>BHṚṄGA-RĀJA</td><td>GANDH-ARVA</td><td>YAMA</td><td>GRIHA-KSHATA</td><td>VITATHA</td><td>PŪSHAN</td><td>AGNI</td></tr>
</table>

W　　E

S

古代瓦思度经典《玛雅玛坦》(*Mayamatam*)中所描绘的“帕拉玛莎因曼陀罗”(Paramaśāyin Mandala),每个方块中即为印度教各神祇的名称,此种曼陀罗代表着一种理想城市的范型。

斋浦尔的哈瓦宫，意指微风之宫。

陆。到了18世纪初，莫卧儿帝国已逐渐由盛转衰，印度的各个小“土邦”（Princely State）开始试图以其政治实力和外交手段与大帝国的政权相互周旋和抗衡。名义上，这些土邦属于帝国封建体系的一部分，实际上，它们却拥有高度的自治权，统治者有自己的城寨、宫殿与军队等等，亦有独立的生产与税收体系，并保有传统的印度教信仰（Robb，2002：100-104）。

位于莫卧儿帝国首都德里西南方的斋浦尔，其统治者萨瓦伊·杰伊·辛格（Sawai Jai Singh）原先驻在山城安伯尔（Amber），当他重新觅地，在1727年将权力中枢迁移至斋浦尔后，才建设出这个小而美、小而精彩的城邦。

作为一个新都，斋浦尔城有着全新的都市规划，其规划乃是依据印度古老的“瓦思度”（Vaastu Shastra）理论。瓦思度是印度的勘舆术与建筑术，从某些角度来看，它算是一种可与汉人风水相提并论的空间知识理论或环境规范理论，并与印度教思想、占星术、命理学、数学等有着不可分割的关系。从斋浦尔的城市平面图可以发现，它与古代瓦思度经典中以“瓦思度曼陀罗”（Vaastu Mandala）为范型的城市规划图极为相似。城中各类型建筑包括宫殿、神庙、城门、广场与民居等，它们与空间的配置和朝向都呼应了瓦思度理论所强调的原则（Sachdev，2000：39-56）。由于斋浦尔城内大多数的建筑都由粉红色砂岩所建，因而该城拥有“粉红之城”的美丽称号。

简塔·曼塔天文台建筑群

从此城市的规划可以得知，统治者萨瓦伊·杰伊·辛格相当重视印度的古老传统，其中包括占星术。在那个年代，天文学与占星术两者是不可分割的，统治者之所以观察天体的运行，并非出于科学上的兴趣，

斋浦尔的简塔·曼塔天文台建筑群。

而是期望借此洞悉其国家与子民的命运。在1727年至1733年，也就是城市刚刚建成时，萨瓦伊·杰伊·辛格在斋浦尔中央区域（为宫殿建筑群）的东南角，兴建了这座名为简塔·曼塔的天文台园区。

简塔·曼塔天文台园区共有十多种不同功能的观测仪器，有的巨大宏伟向上挺立，有的精巧细致向下凹陷。所有仪器的排列配置，都呼应特定的方位。其中最大的称为“沙姆拉特仪”（Samrat Yantra，Yantra是仪器的意思），乃是一个巨大的日晷，外观呈直角三角形，有一个阶梯可以通往指向正北方的顶端。在此巨大的日晷旁边还有十二个类似的缩小版本，称作“拉西瓦拉雅仪”（Rasivalaya Yantra），每一座朝向不同的方向，象征各个黄道十二宫，作为观测行星运行之用。建筑群中还有两座称为“拉姆仪”（Ram Yantra）的建筑，其为向心排列的十二根长方形柱，中心为一根铁杆，上面具有刻度，其作用为准确测量太阳在不同时间相

呈向心状的拉姆仪。

沙姆拉特仪。

沙姆拉特仪的最高点朝向正北方。

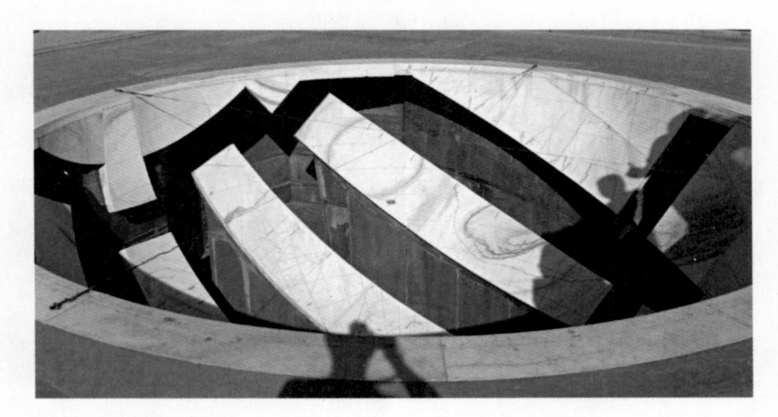

凹进地面的斋普拉卡斯仪。

达克席诺比提仪。

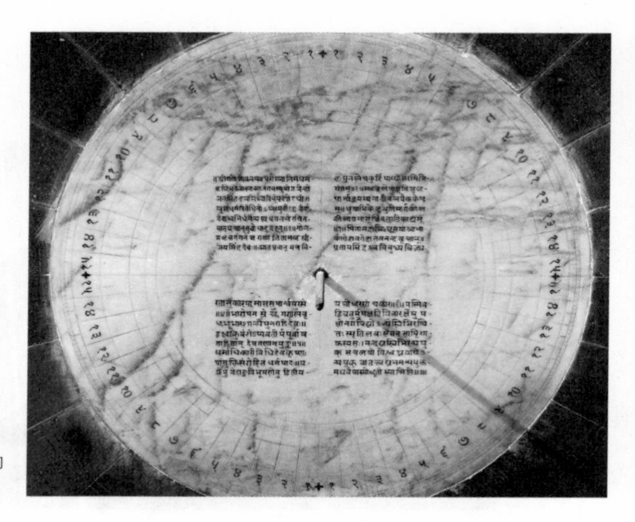

那迪瓦拉雅仪上的指针与文字。

印度斋浦尔的简塔·曼塔天文台建筑，此为沙姆拉特仪。

对于观测点的仰角与高度。在这个天文台园区中还有“斋普拉卡斯仪”（Jaiprakas Yantra）、“达克席诺比提仪”（Dakshinobhitti Yantra）、“那迪瓦拉雅仪”（Nadivalaya Yantra）等，每一座都有着特殊的造型，担负不同的观测功能（Rajawat，24-40）。

简塔·曼塔建筑群的现代主义形式特征

在谈论这些简塔·曼塔观测仪器的形式特征之前，首先必须要承认，它们不应仅被视为大型的观测仪器，而亦应被视为建筑，毕竟它们具备成为建筑的种种条件。园区中的每座仪器都以当时的建筑材料、构造技术与工法所兴建，兴建的过程与当时的营造体系结合。它们的尺度足供人们攀爬与穿梭，表现了量体与形式。它们的存在具备了实质的功能，而非单纯的雕塑品。

这些天文台建筑更具备了现代主义建筑的形式特征，外观都相当简约与纯粹，充分表现出几何式的坐落、线条与量体。构造表现出材料应有的真实性，造型、朝向与配置更符合天文观测的机能。无论远观或近看，或在其间移动，都可感受到其空间虚体与建筑实体之间的巧妙平衡与变化。若用建筑史家吉迪恩（Siegfried Giedion）所提的现代建筑的“时空性”（Time-Space）检视之，简塔·曼塔建筑群的表现亦不遑多让。

1932年于纽约现代美术馆举办了“国际现代建筑展”（International Exhibition of Modern Architecture），策展人约翰逊（Philip Johnson）与希区柯克（Henry-Russell Hitchcock，美国建筑历史学家）对现代建筑的形式特征做出了三个定论：“虚体比实体更重要”、“平衡比对称更重要”以及“拒绝装饰”。参考这三个定论，我们必须承认简塔·曼塔的天文台建筑完全吻合。若把天文台建筑群中建于1728年的“观测者小屋”，和另一栋建于

简塔·曼塔建筑群所呈现的不只是体量，而且还有空间虚体。

简塔·曼塔建筑群的不同体量之间，有着巧妙的视觉平衡。

天文台园区中，建于1728年的观测者小屋。

1933年的现代主义国际式样住宅相比，仅凭它们的外观，岂能说“后者现代而前者不现代”？由于这种近似现代主义的形式特征，简塔·曼塔的建筑和斋浦尔城内的其他宫殿建筑或公共建筑有着截然不同的风格。因此，它所呈现的绝非当时的普遍性形式，而是特例。

天文台建筑形式的意义

虽然我们无法也没有必要完全推翻建筑史家们所建立的“现代建筑的发展故事”，但绝不能否认简塔·曼塔建筑群确实具备了现代主义建筑的形式特征。在这些天文台建筑出现之前，印度并未如西方一样经历启蒙运动与工业革命，未经历西方建筑史家所谓的技术进步与社会变革。因此不得不思考，为何20世纪才确认的现代主义建筑的形式特征，竟然早在两百年前的印度就已出现？为何当时的统治者萨瓦伊·杰伊·辛格可以接受如此纯粹的形式？他对于天文台建筑群的美感经验，是否和现代建筑的美感经验相仿？或者，这些缺乏装饰的建筑物根本是因斋浦尔王室的财政窘迫导致的？由于史料有限，我们无法准确地回答这些问题，但仍可提出几种可能的答案。

或许，萨瓦伊·杰伊·辛格之所以采用这种简洁的建筑形式，是为了呼应机能与使用上的需求，也就是为了避免天文观测时的误差与错觉。单纯且无装饰的体量，往往使其上的刻度与光影之间更能共同发挥作用。对于这种像是仪器的建筑，任何繁琐的装饰都可能会造成观测者的分心，如各种现代观测仪器，除了必要的装置之外，几乎没有多余的装饰。

简洁的建筑形式似乎不只是为了机能与使用上的需求，而是为了更崇高的目的。在各种印度古代的传统知识中，包括瓦思度或是占星术等，很强调几何秩序，如前述的“瓦思度曼陀罗”即呈现了高度的几何秩序。

斋浦尔中央区的南侧城门与城墙，以及其上的建筑。

斋浦尔中央区的宫殿建筑，现为城市宫殿博物馆（City Palace Museum）。

位于沙姆拉特仪三角形量体顶端的“查哈特里”。

德里的简塔·曼塔天文台建筑群中的沙姆拉特仪。

在瓦思度与占星术中，几何秩序、人类秩序和宇宙秩序三者往往是紧密相连的。每个方位、每种角度、每样比例与每款尺寸所定义出的几何图像，往往代表着或呼应着特定的宇宙秩序与人类秩序。对于萨瓦伊·杰伊·辛格，简塔·曼塔天文台既是一个观察宇宙秩序的地方，亦是借所观察到的宇宙秩序来进一步影响人类秩序的地方。

无论如何，从当时其他的王室建筑与城市规划来看，萨瓦伊·杰伊·辛格所代表的绝对是一个富有的政权，简塔·曼塔建筑群的纯粹形式绝非财政窘迫所造成的，因为它们呈现了高度的美感与自信。甚至应该相信，18世纪斋浦尔的人们在面对这些天文台建筑时，拥有和我们现代人相同的美感经验，否则今日到天文台园区参观的观光客，绝不会如此连连赞叹了。

当我们再回过头检视西方建筑史家对于现代建筑风格形成的论述，或许仅能承认这些论述不过对了一半。社会变化与技术进步等因素确实导致20世纪的现代主义建筑空间与形式的观念的出现，但也不能否认，类似的空间与形式观念，并不是只能出现在建筑史家所定义的特定历史脉络里，而且未必反映着相同的社会或技术上的意义。

若从“建筑是实相的再现”的观点出发，我们可以说，20世纪的现代主义建筑与18世纪的斋浦尔天文台建筑有着相仿的再现方式，却不意味着它们再现着相同的实相。基于此，当我们讨论某种建筑形式所反映的历史意义时，或讨论此建筑形式再现何种实相时，必须谨慎，以免掉进“社会与技术的进步会带来美感经验的升华”的论述陷阱之中。

几何秩序、宇宙秩序与人类秩序

穿梭在这个充满现代感的斋浦尔天文台建筑群中，眼尖的人还是会发现一个有趣的建筑元素——位于“沙姆拉特仪”三角形量体顶端的亭子，这亭子称为“查哈特里”（Chhatri），和当时印度莫卧儿帝国各地的查哈特里有着同样的风格。然而，这座查哈特里有着精致的雕刻与繁复的装饰，与周遭天文台建筑的简洁风格似乎有点格格不入。也许有人会因为这个小小查哈特里的存在，辩驳说整个简塔·曼塔的天文台建筑群不能与现代主义建筑相提并论，但我们若换成另外一种说法或许更好：萨瓦伊·杰伊·辛格并未像20世纪建筑现代主义潮流中的建筑师一样，把形式的纯粹性当成一种不可违逆的信念。认为只要必要，不同风格样式的表现是可以并列存在的，纯粹与不纯粹之间不存在对立。

从这个稍显突兀的查哈特里所处的位置，可以体会到萨瓦伊·杰伊·辛格欲使几何秩序、宇宙秩序与人类秩序相互结合的企图。这座特殊的小亭子，位于天文台建筑群中的最高点，一个距离天空最近的地方，标出简塔·曼塔天文台园区中最神圣的位置。我们可以想象，在寂静的夜空下，萨瓦伊·杰伊·辛格与他的星象师们站在这个亭子里观察天体的运动、盘查宇宙的秩序，思考其国度与子民的未来。这个位置极其重要，在由几何所构成之园区的最高点，站着一位超世界秩序在世间的代理人。因此，这座最神圣的查哈特里必须以最特殊的形象来呈现。

不仅在斋浦尔，萨瓦伊·杰伊·辛格在印度的其他地方也兴建了类似的天文台建筑群。例如在当时的莫卧儿帝国首都德里，他亦帮莫卧儿皇帝建造了一组简塔·曼塔天文台建筑群。完工时，萨瓦伊·杰伊·辛格附送了一本他的天文学著作给帝国的皇帝，里面有一句话说道：“借此（天文学知识与天文台建筑群），您可以洞彻国家的所有重要事务，无论是关于宗教的，或是关于帝国统治的。”（Sachdev，2002：57）

萨瓦伊·杰伊·辛格的简塔·曼塔天文台建筑代表着几何秩序、宇宙秩序与人类秩序之间的紧密结合。虽然在相仿的形式下，简塔·曼塔天文台建筑与20世纪现代主义建筑有着完全不同的背景故事，但比起后者，前者所充分再现的宇宙、政治与社会实相，丝毫不逊色。

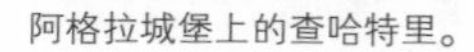

阿格拉城堡上的查哈特里。

查哈特里和其他简塔·曼塔建筑群所呈现的样式完全不同，它有着精致的雕刻与装饰。

参考书目

- Rajawat, Daulat Singh. *Astronomical Observatory of Jaipur*. Jaipur: Delta.
- Robb, Peter. *A History of India*. New York: Palgrave. (2002).
- Sachdev, Vibhuti. *Building Jaipur: The Making of an Indian City*. London: Reaktion Books. (2000).

德里的简塔·曼塔天文台建筑群中的拉姆仪。

II

建筑与认同

建筑再现实相的过程中，“认同”是一个重要的机制。就性别、家庭、职业、阶级、族群或是宗教来看，人存在于社会，必然有着各种身份。为了表达自我身份，或是为了表达对于身份的意识与认知，建筑成为一种绝佳的媒介。不管是过去或当代、东方或西方、乡村或城市，人们都会借由建筑材料、空间、形式以及其他各种建筑特征，以表达他们身份的认同。

本书第三章为《精英的自白——建筑语法中的建筑细部》，其内容讨论人们对于建筑细部处理的态度与观念，说明社会上的各种精英如何借由建筑细部表达其优越的身份：无论他们是过去或当代的精英，无论他们是东方或西方的精英，无论他们是金融界或宗教界的精英，无论建筑细部是古典的、文艺复兴的、新艺术运动的或是极简主义的。

本书第四章为《离散历史中的自我认同——欧洲的犹太人、犹太隔离区与犹太会堂》，以欧洲各地的犹太隔离区与犹太会堂作为讨论对象，说明犹太族群如何在两千年的离散历史中借由建筑与空间表达身份认同，分析这种身份认同从压抑到解放的转变过程。

三　精英的自白——建筑语法中的建筑细部

建筑细部与精英

当体验或欣赏一个建筑作品时，大部分人所关切的往往是建筑整体的空间与造型。但也有少数人，对他们而言空间与造型只是前提，其最终关切的乃是“建筑的细部”；他们多半认为，好的空间与造型易达成，而且众人皆可轻易领悟与体会，而建筑细部的精致呈现则并非一般的工程预算可以达成，唯有具备高度鉴赏力的人才能明了它们的真正价值与精髓。这群少数人包括了业主、建筑师（含各种建筑相关的设计师）与工程施作者；这些人的角色可能不同，但他们都有一个共同的身份——“精英”。

当这些“精英”们凑在一起的时候，可以产生许多有趣的互动。某些自视精英的业主们，因为某几条瓷砖勾缝的对齐问题，吩咐承包商把全部瓷砖打掉重做；某些自视精英的建筑师们，会为了解决金属栏杆和混凝土女儿墙之间的接合问题，花上三天三夜思考；某些自视精英的木工师傅们，为了某些逻辑不通或尺寸混乱的天花板设计图，一边施作一边碎碎念，甚至气呼呼打一通电话叫设计师到现场亲自解释。无论这些互动如何进行，它们都代表了各类精英们对于建筑细部的执著。

由于建筑细部承载了精英群的执著，承载了这些执著背后在预算与时间上的代价，有精致细部的建筑往往有着较高的工程成本或是建筑售

台北市某高价住宅的立面细部。

意大利威尼斯的富商宅第。

意大利威尼斯富商宅第的建筑细部。

比利时布鲁日富商的街屋店面。

价。以今日台湾地区的住宅来说，“有细部设计的住宅”绝对售价更高；只有那些花得起钱的社会精英，可以住进这样的住宅，借此宣告他们身份的特殊性；反过来看，较为昂贵的住宅，其造型远看时或许会觉得一般，但近看时，则有着令人伫立赞叹的细部；当然，伫立赞叹的通常只有那些自视精英的人们。既然只有他们能领会建筑细部的抽象价值，当然也只有他们可以负担得起这些建筑细部的实质金钱价值。

这种建筑细部与精英之间的关系，举世皆然。如在意大利威尼斯和佛罗伦萨、比利时布鲁日（Brugge）、德国戈斯拉尔（Goslar）和汉堡，也包括台湾地区鹿港的豪门宅第，每一栋建筑的细部都有着华丽的雕刻、精美的比例以及细致的材料接头；这些豪门宅第的主人通常是富商、贸易家、银行家、矿业巨子或是能够呼风唤雨的地方士绅，这些人都是当时当地的社会精英。反之，看看那些台湾地区的平价公寓，或是比利时的农村住宅，虽然不见得不舒适，但就是少了些能够看上眼的建筑细部。

细部与建筑语法

如果要了解建筑细部与精英们之间的关系，或许可以把建筑视为语言或书写，把建筑构成视为语法。每一篇文章或每一场演说，都是由众多个别的文字与句子所组成，当这些文字结合在一起的时候，必须依照一套合乎逻辑的规则，而非胡乱拼凑。这套规则里面，最基本的部分无非就是“连接词”（conjunction）。若没有连接词，这些零碎的文字与句子便无法结合成一篇文章或是一场演说；有了连接词，这些文字与句子才有可能成为一个整体的作品。建筑细部的角色，就像是建筑语法中的连接词。当不同的材料、不同的部位组合成一个建筑，就需要细部扮演它们之间的接合，使建筑整体能够成型。

台湾地区鹿港的辜家宅第。

在英文语法学习经验中，熟练运用“对等连接词”（coordinating conjunction）是最基本的要务，若不知如何使用“and”或“but”，句子是无法串成文章的。随着语意表达需求的增长，还需进一步学习“相关连接词”（correlative conjunction）或是“从属连接词”（subordinating conjunction），如“both ... and”、“(n)either ... (n)or”、“although”、“until”等，借此表达更复杂的概念。熟练各种连接词之后，我们还必须试着将这些连接词搭配更细致的副词，如“therefore”、“moreover”、“however”等；虽然某些特殊的连接词使用与否，或是某些细致副词的搭配与否，不会严重影响文字的整体表达，但那些能够将连接词（搭配副词）运用自如的学生，是英语课堂上的精英。

建筑精英也是一样，无论是建筑师、施作者或是业主，材料之间的

德国贸易城市汉堡的富商宅第。

意大利文艺复兴时期的佛罗伦萨富商宅第。

比利时波克莱克（Bokrijk）的农村住宅。

台北县某中低价位的住宅大楼。

德国银矿城市戈斯拉尔的西门子富商宅第。

接合并不难，基本上只要合乎物理定律与化学原则即可，但这些精英们所希望的常常不仅如此。对他们来说，从某种材料过渡到另一种材料时，除了接合之外，亦希望能表达“转折”、“对比”或“停顿”等不同感受，甚至为了达到这些感受，他们还必须进一步修饰材料既有的形式与纹理，有时矫揉造作亦在所不惜。最开始的时候，无论是语法中的连接词或是建筑构成中的细部，都像胶水与糨糊般黏合着不同的元素，呈现基本功能的意义。然而，当它们被不同的人在不同程度上区别使用时，甚至被赋予特定感受时，连接词与建筑细部已逐渐呈现精英认同的意义。

作为细部表现的科林斯柱式

“柱头”是一种建筑的细部，当“柱头”变成西洋古典“柱式”（order）

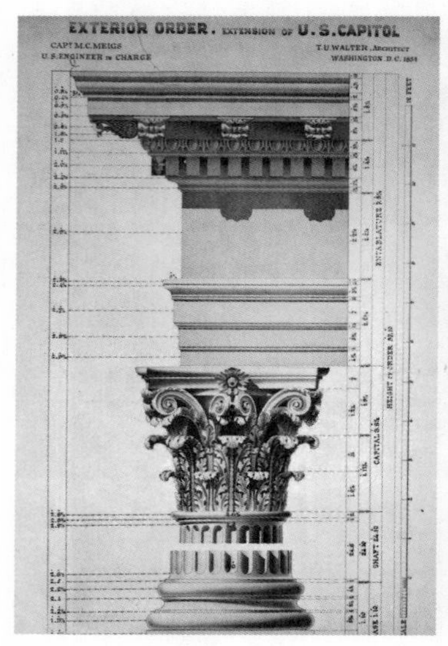

科林斯柱式。

意大利罗马的卡斯托和普鲁克斯神庙（Temple of Castor and Pollux）的科林斯柱式。

时，我们可明了“基本功能”的意义如何变成“精英认同”的意义了。科林斯柱式（Corinthian order）是一个很好的例子。公元前1世纪时，罗马的建筑师维特鲁威写了一本《建筑十书》献给当时的罗马皇帝奥古斯都，其第四书里记载了一个关于科林斯柱式起源的美丽传说：某个科林斯市的少女因病死亡，在埋葬后，她的乳母将此少女生前钟爱的物品置于一个篮子内，带到少女墓前，篮子上覆盖了一块石板。后来这个篮子无意间被移至墓旁的莨苕草上，到了春天，随着莨苕草的生长，篮子与石板的重量把莨苕草压成涡卷状，这个由石板、篮子与涡卷状莨苕草所构成的美丽组合，就是科林斯柱式的原型（Vitruvius，104-106）。

除了起源，维特鲁威在书中更详尽说明了科林斯柱式所适用的建筑类型，以及其与建筑整体之间应有的比例关系。这意味着科林斯柱式已超越了基本的功能意义，它不再仅是柱子与楣梁之间的接合处，而更要表达由柱子过渡到楣梁时之“转折”、“对比”或“停顿”等感受。《建筑十书》并非送给凡夫俗子，是送给奥古斯都，也唯有如奥古斯都般的精英，才可明了其意义。

《建筑十书》中的故事表明科林斯柱式除了具备结合材料（石板、藤木编的篮子与莨苕草）的基本意义，其华丽精致的外观更暗喻着一种身份象征。在文艺复兴、巴洛克以及其后的建筑中，这种身份象征的意义进一步得到强化。从诸多的罗马建筑案例——特别是教堂、宫殿与豪宅——可以发现当时的社会精英对以科林斯柱式作为建筑细部有明显偏好。科林斯柱式只是众多建筑细部手段中的一种，当时的教会、政治、金融业与工商业的领袖与权贵，更会搭配其他的柱式或各式各样的细部，以凸显其与众不同的身份。至于一般老百姓，则通常只住在没有任何柱式的朴素街屋。

无论是政商名流、名门贵族或宗教领袖等，在选择符合他们身份的住宅或建筑物时，并非仅满足于一般空间、形式、色彩与材料表现，这些都是容易模仿的事物，只有建筑细部是无法轻易模仿的。如同这些精英

罗马许愿池背后的波丽宫立面，使用了大量的科林斯柱式。

罗马梵蒂冈的圣彼得教堂主立面，使用了大量的科林斯柱式。

从小便受到良好教育，懂得善用各类词汇，注重谈吐细节，借由言辞举措上最细微的差异，凸显其非凡的身份。欧洲的精英如是，亚洲的精英亦然，如“新艺术运动”著名建筑师霍塔（Victor Horta）在其自住住宅细部上的表现，以及日本的木构造寺院建筑。

极简主义的建筑细部

诚如人类的语言不断在变化，建筑细部亦不断在变化，但其变化的不只是细部的做法，有时更反映在意识形态上，亦即对于细部处理的态度。唯有不断变化，精英才能一直走在社会的前端。20世纪后，对于建筑细部观念产生最重要影响的，莫过于密斯·凡·德·罗（Ludwig Mies van der Rohe）的两句名言：“神在细部里”（God is in the details）与“少即是多”（Less is more）。上世纪60年代之后，这两句名言促成了设计领域

罗马的普通街屋。

霍塔于比利时布鲁塞尔所设计的自住住宅细部。

“极简主义”（Minimalism）的发展。建筑界的极简主义者，多半强调建筑必须拥有精致的细部，这些精致的细部必须表现在纯粹的材料与形式上。若由语法的观点来看，意味着清晰的连接词搭配着精简的语句更能凸显欲表达的主题。到了今日，借由“简单的形式”暗示“丰富的内在”，似乎已是众多精英的共同语法；在现在的台湾地区，各种号称极简主义的豪宅与室内设计作品不断出现，“少”的是材料，“多”的却是价格。由于材料的少，作品的呈现更能凸显精英建筑师的设计能力、精英施作者的技巧以及精英业主们的鉴赏力。

回顾西方历史上各种精彩的建筑，“神在细部里”与“少即是多”似乎非密斯所独创，也非现代主义者或极简主义者的专利。密斯之所以使用“神”这个字眼，无非是想表达一种无以名状的高贵美感，这个字眼更意味着，这种高贵美感乃是从古老教堂建筑传统中所觅得的经验；在密斯所生长的欧洲，教堂建筑往往是细部最丰富的地方。“少即是多”亦非密斯所创，其更早就出现在英国诗人罗勃特·勃朗宁（Robert Browning）于 1855 年的诗作 *Andrea del Sarto*（注）中；无论密斯是否曾经从这首诗得到灵感，“少即是多”绝非 20 世纪的全新概念。

任意一件密斯的建筑作品，或是符合极简主义定义的建筑作品——如密斯在 1929 年为巴塞罗那世界博览会所设计的德国馆，或是日本建筑师栗生明在 2001 年于宇治所设计的平等院凤翔馆——虽然它们所用的材料不多，但至少有玻璃、金属、砖石或水泥等三四种表现材料。然而，若再找几件古老的建筑作品进行比对，如 14 世纪建于日本京都岚山的天龙寺、16 世纪建于意大利佛罗伦萨的圣灵圣母（Santa Maria del Santo Spirito）修院教堂或是荷兰恩克赫曾（Enkhuizen）的小教堂，可发现这些建筑所使用的材料亦不超过三四种，它们都有着精致清晰的细部。这些宗教建筑远远早于密斯的年代，不能否认它们确实符合“神在细部里”与“少即是多”这两个观念。

日本宇治平等院的建筑搏风板细部。

日本奈良东大寺的正殿主入口细部。

日本建筑师栗生明所设计的平等院凤翔馆，建于 2001 年。

密斯为巴塞罗那世界博览会所设计的德国馆，建于 1929 年。

建于 14 世纪的日本京都岚山天龙寺。

天龙寺的木门细部。

天龙寺、圣灵圣母教堂与恩克赫曾小教堂的拥有者（或主要的使用者），分别为日本临济宗（禅宗的一支）的僧侣、罗马天主教的修女以及荷兰改革宗（**Nederlandse Hervormde Kerk**）的牧师。他们并非富商、权贵或政客这一类的精英，是宗教性的精英。在普遍认知中，僧侣、修女与牧师远比一般人更接近神，他们掌握了宗教经典的诠释权以及宗教生活的教导权。他们都强调生活的俭朴，不追求感官的华丽。因此，他们同样以细部丰富却材料简单的方式，传达宗教理念，并借此表达其宗教上的精英身份。

精英对于细部的永恒执著

当今的多元社会有各式各样的精英，他们对于建筑细部亦表现出多

天龙寺的廊道细部。

圣灵圣母教堂的侧立面。

圣灵圣母教堂的正立面细部。

元的态度。毕竟建筑的潮流难以掌握，建筑流行的风格不断在变，与其竞相追逐流行的前端，不如执著于建筑的细部表现。无论是借华丽强调细部，或是借纯粹强调细部，通常都只有精英们能够享有诠释权。借由细部的“特殊”强调自我身份的“特殊”这一点从未改变。

在人类所有的物质文化中，不仅建筑具有细部。家具、食物、手表、服装等物品，通通都有细部，且都有其各自定义下的细部，例如：借由精致大理石片拼贴的豪宅地板、镶金包银的木柜、凡夫俗子难以体会的三十年纯麦威士忌、看得到齿轮转动的机械表、社交名媛们低调奢华的暗黑色套装……精英总会把握各种机会，努力借由各式各样的细部强调自己的优越。

注　释

▸ 注：*Andrea del Sarto* 是英国诗人罗勃特・勃朗宁（Robert Browning）所作的一首长诗，收录于 1855 年的诗集《男人与女人》（*Men and Women*）中。诗句"少即是多"（less is more）之前后数行摘述如下：

I do what many dream of, all their lives,
Dream? strive to do, and agonize to do,
And fail in doing. I could count twenty such
On twice your fingers, and not leave this town,
Who strive you don't know how the others strive
To paint a little thing like that you smeared
Carelessly passing with your robes afloat
Yet do much less, so much less, Someone says,
(I know his name, no matter) so much less!
Well, less is more, Lucrezia: I am judged.
There burns a truer light of God in them,
In their vexed beating stuffed and stopped-up brain,
Heart, or whate'er else, than goes on to prompt
This low-pulsed forthright craftsman's hand of mine.

参考书目

▸ Vitruvius. *The Ten Books on Architecture*. Trans. Morris Hickymorgan. New York: Dover Publications.

荷兰恩克赫曾的小教堂。

四　离散历史中的自我认同——欧洲的犹太人、犹太隔离区与犹太会堂

建筑作为自我认同的体现，其最佳范例无疑是世界的各种宗教建筑。它们再现了虔信者对于超越界的期盼，亦再现不同族群对于身份的自我认同。在这些宗教建筑之中，在欧洲四处可见的“犹太会堂”（Synagogue）往往被忽略。比起基督教与伊斯兰教，犹太教更为古老。

犹太会堂在外观上似乎没有固定的特征，有些像是教堂或是清真寺，有些则像是不起眼的民宅。即使同时代的犹太会堂，其风格往往缺乏应

捷克布拉格的梅瑟洛瓦犹太会堂（Maiselova Synagogue），建于1592年，1689年时焚毁，目前建筑为1905年所重建。其立面正上方有一块石版，上头写着1至10的拉丁文数字，象征记载十诫的法版。在此石版之下的开窗，可看到大卫之星与典型哥特式建筑窗肋的结合。

荷兰奈梅亨的犹太会堂，建于 1756 年。其立面山墙的轮廓为奇特的连续拱圈，建筑的开窗有大卫之星的形式。

有的一致性，而时间变迁中的犹太会堂，其风格往往缺乏应有的连贯性。面对这些多变甚至混乱的风格呈现，该如何有系统地讨论这些犹太会堂？犹太会堂外观风格的不安定，是否呈现了犹太人在不安定的历史中不安定的自我认同？本文试图从犹太人在不同时空所面临的不同际遇，进一步讨论犹太族群自我认同与犹太会堂之间的关系。

离散历史中的犹太会堂

在公元前 10 世纪时，古犹太人在巴勒斯坦曾有自己的王国，在作为信仰中心的圣城耶路撒冷，有一个由所罗门王建造的圣殿（称为第一圣殿）。这个王国随后分裂为北南两个部分，分别在公元前 722 年与公元前 588 年时被亚述与巴比伦所灭，所罗门王圣殿因此成了废墟，许多犹太人被流放至美索不达米亚与波斯等地。公元前 515 年时，部分犹太人得以回到故土重建圣殿（称为第二圣殿）。公元 70 年，罗马帝国的大军又摧毁了这座圣殿，再度灭了犹太王国。往后的近两千年即所谓的犹太人“离散”

荷兰莱顿（Leiden）的犹太会堂，建于 18 世纪。若非入口上方的希伯来文，其朴素的外观很难令人联想是一座犹太会堂。

（diaspora）的历史，失去土地与圣殿的犹太人只能不断在各地迁徙、寄居。

犹太人并未放弃古老的信仰，所到之处，他们建立了一座座犹太会堂。或许外观不起眼，或许隐身在城市角落，这些犹太会堂取代了故土的圣殿，继续作为离散犹太人的信仰中心。和圣殿不同的是，犹太人在这些会堂内已不再从事献祭活动，而是进行如诵经、祈祷与礼拜等更精神性的宗教活动。这些会堂内往往有着由“拉比”（Rabbi，犹太教师）所主持的宗教学校，成功延续犹太人的各种古老传统。这些犹太会堂亦成为各地犹太社群的中心，强化犹太人在离散历史中的自我认同（Van Voolen，2006：34）。

威尼斯维奇欧犹太隔离区的建筑盖得更高更密。

欧洲的“反犹主义”与“犹太隔离区”

这些在异地坚持自身信仰的犹太人，不断遭到当地社会的猜忌与压迫，即西方历史上的“反犹主义”（anti-Semitism）。从字面上来看，虽然其应泛指对所有闪语族（Semite，亦包括阿拉伯人）的排斥，实际上，这个字眼所针对的仅是犹太人。

当欧洲进入基督教时代，反犹主义愈加强烈，出现各种实质形式的迫害。如 11 世纪末与 13 世纪末之间，由基督徒组成的十字军即四处滥杀

16 世纪时，意大利威尼斯的维奇欧犹太隔离区，摄自威尼斯犹太博物馆（Museo Ebraico Venezia）。

犹太人，只因为他们认为犹太人是害死耶稣的凶手。14 世纪时，当黑死病席卷欧洲时，各地即谣传是犹太人在井水里下毒所致。中世纪起，由教廷在各地主导的“宗教裁判所”（Inquisition）更以驱逐、没收财产或死刑的手段，强迫犹太人改信基督教。除了特定的屠杀事件，犹太人在平时还必须忍受来自基督徒的嘲弄；犹太人将猪视为不洁且不可食的动物，他们却反而因此被讥讽为猪，如德语中的“Judensau”（犹太母猪）或是西班牙语与葡萄牙语中的“Marrano”（猪）（Belinfante，1991：15）。就连莎士比亚的著名喜剧《威尼斯商人》（*The Merchant of Venice*）里，犹太人也被描述成奸诈、狡猾的大坏蛋。

在排挤犹太人的手段当中，最具体的无非是欧洲各地城镇中的“犹太隔离区”（Ghetto），犹太人被迫生活在这个隔离的空间内，禁止与外界有过多的往来，如意大利各地的犹太隔离区，以及德国各地的“犹太巷”（Judengasse）。这种隔离环境反而强化了犹太人自身的社群关系与宗教传统，众犹太隔离区中的犹太会堂以特殊的方式呈现犹太人的自我认同。

中世纪晚期出现的“犹太母猪”讽刺画，其中有一头猪与犹太人的不雅动作，摄自柏林的犹太博物馆（Jüdisches Museum Berlin）。

威尼斯维奇欧犹太隔离区内的犹太会堂，现为威尼斯犹太博物馆。

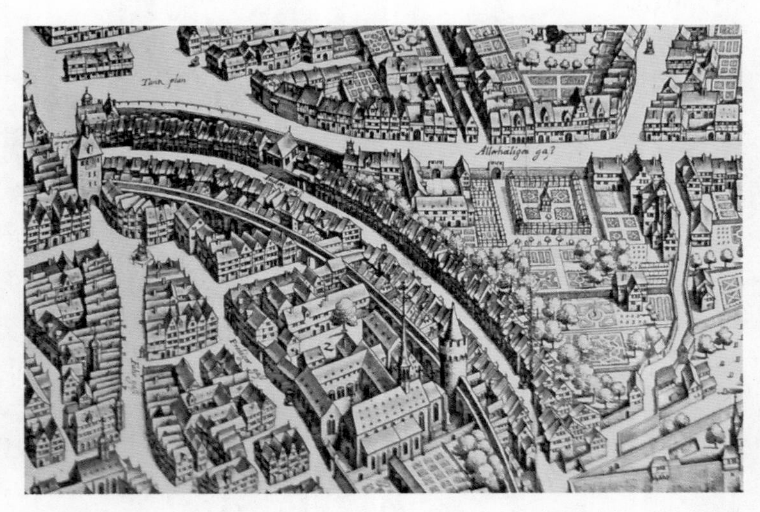

德国法兰克福的犹太巷，在其两端严格控制犹太人的进出。摄自法兰克福的犹太博物馆（Museum Judengasse Frankfurt）。

德国特里尔城里的拥挤犹太隔离区。

隔离下的妥协与坚持：布拉格的“老新犹太会堂”

在捷克的布拉格，有一个自10世纪即出现的犹太隔离区，此区内的犹太会堂即为典型的案例。如同欧洲其他的犹太隔离区，这里的居住环境相当拥挤，区中的犹太人墓园亦如此。在反犹浪潮中，11世纪时，十字军曾袭击此犹太隔离区，焚毁这里的犹太会堂（Pařík，2000：11）；12世纪时，一群所谓“鞭笞派”（flagellant）的基督徒杀害了许多当地犹太人；14世纪时，当地的掌权者更以死亡来要挟当地的犹太人改信基督教（Salfellner，2006：12-13 & 17）。在充满敌意的环境下，建于1270年的“老新犹太会堂”（Staronová Synagoga，英文为Old-New Synagogue），呈现出在隔离环境下犹太人自我认同的表达方式。

关于这座会堂名称的由来说法多样，最耐人寻味的是这个传说：当年犹太人在兴建此会堂时发现地基底下有数面古老残墙，残墙的旁边有一卷以希伯来文书写的《摩西五经》，因此他们认为，在这块土地上曾有一座更古老的犹太会堂，而这座新建的犹太会堂扮演了承前启后的角色，故将之命名为老新犹太会堂（Salfellner，2006：14）。借由这个传说，当地犹太人强调早在基督教传入布拉格之前，他们的祖先已在此落地生根。关于会堂的建造有另一个传说：在建造时当地的王室曾给予大力的支持，国王甚至派遣宫廷的建筑师与工匠协助建造（Salfellner，2006：15）。以上两个传说都在积极地说服大家，犹太人与其信仰在布拉格的存在拥有其历史与政治的正当性。

对于第一个传说，无人知道真假，对于第二个传说，若比照离会堂不远处的布拉格圣母院（Kostel Matky Boží před Týnem），则会发现此说法应非事实。老新犹太会堂的外观相当朴素，除了正面山墙稍有变化外，整座建筑不过是量体的简单呈现，其位于建筑侧面的低矮主入口显得不

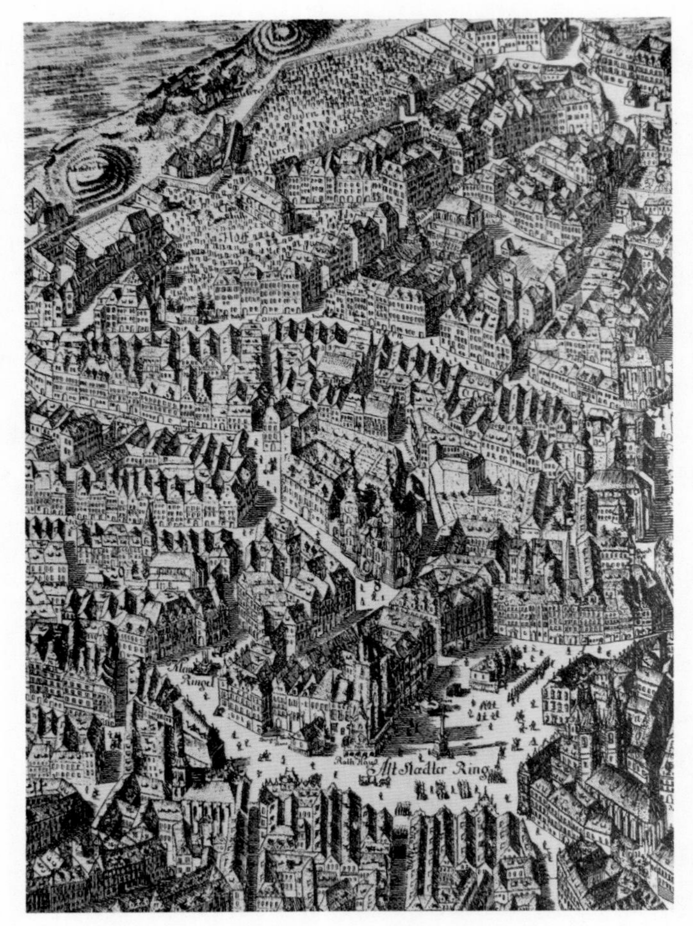

18 世纪的布拉格旧城区，此图的上半部范围即是犹太隔离区。摄自布拉格犹太博物馆（Židovské Museum Praha）。

起眼。相反，建造于 13 至 15 世纪的布拉格圣母院，其年代比老新犹太会堂晚一些，却拥有华丽的外观、高耸的量体与面前的巨大广场。据此可知，当时王室对待这两座宗教建筑的态度应是截然不同的。

虽然老新犹太会堂的外观如此低调，但内部却有完全不同的呈现。进入这座会堂，有一条狭小的通道引领人们至正殿入口，此入口的上方

布拉格犹太隔离区内居住了大量的犹太人，他们的墓园都显得相当拥挤，墓碑与墓碑之间几乎没有空隙。

老新犹太会堂的背面。

捷克布拉格的“老新犹太会堂”之正面，建于1270年。

雕刻着四条精致的葡萄藤蔓，象征伊甸园内的四条河流，象征犹太人后裔得以生生不息、遍布全球（Pařík，2000：18）。正殿内，在东侧壁上有放置《摩西五经》的圣柜，坐落的方位代表犹太人对于东方故土与圣城的思念（Van Voolen，2006：38-39）。正殿的中心位置为一个高于地面的讲台，当进行仪式时，《摩西五经》必须从圣柜中搬移至此，交给站在讲台上的

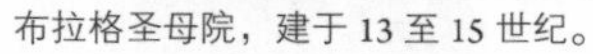

布拉格圣母院，建于 13 至 15 世纪。

老新犹太会堂的入口位于建筑的侧面，
低矮且不甚显眼。

拉比念诵。正殿四周墙上的十二个细长窗，象征古代以色列人的十二个支派（Pařík，2000：21）。

除了呈现与故土和信仰传统的连接之外，会堂内部亦借着某些构件来凸显犹太信仰和基督信仰的差异。中心讲台的前后有两根巨大的立柱，此立柱和四周壁柱的上端延伸出数根结构性的拱肋，分别交会于屋顶天花之六个穹隆（vault）的尖端。有趣的是，除了结构上必需的拱肋之外，每个穹隆尖端更各多了一条延伸至壁上托架、看似没有结构意义的拱肋。正因这几条多出来的拱肋，使这六个穹隆无法产生如哥特式基督教堂屋顶天花经常有的十字形拱肋，避免让犹太会堂内部出现象征基督教的十字架形象（Pařík，2000：21）。

布拉格老新犹太会堂的外观与内部，体现了隔离状态下犹太人在表

老新犹太会堂内部的门廊。

老新犹太会堂内部之进入正殿的入口。

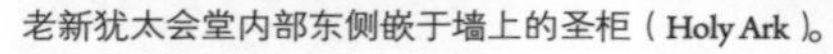
老新犹太会堂内部东侧嵌于墙上的圣柜（Holy Ark）。

老新犹太会堂内部中央的讲台（bimah）。

在老新犹太会堂内部的屋顶天花上，由于多出这些自柱子延伸至墙壁托架的拱肋，使得屋顶天花上不至于出现十字架的形式。

达自我认同时的两种不同态度。其低调的外观，代表了犹太人面对外在敌意环境时的无奈妥协；而其丰富的内部，则代表了犹太人面对自身传统时毫不犹豫的坚持。

走出隔离后的自信：阿姆斯特丹的“葡萄牙犹太会堂”

17 世纪，荷兰阿姆斯特丹出现了另一种形态的犹太移民社群，他们所建造的犹太会堂呈现出完全不同的风貌，体现了走出隔离后的犹太人在自我认同表达上的自信。

这群移民至阿姆斯特丹的犹太社群，原已在伊比利亚半岛（Iberia Peninsula，包括西班牙与葡萄牙）定居上千年。为了区别于称为“阿胥肯

在西班牙各地由宗教裁判所主导的“信仰行动”中，许多犹太人被绑上柱子活活烧死。

自 16 世纪末起，阿姆斯特丹的赛法迪犹太人在阿姆斯特丹所居住的街廓。摄自阿姆斯特丹犹太历史博物馆（Joods Historisch Museum）。

“二战”前阿姆斯特丹犹太人居住的街廓之空中俯瞰图。摄自阿姆斯特丹犹太历史博物馆。

阿姆斯特丹的犹太人居住区，现已成为“滑铁卢广场”，建有市政厅、音乐厅与剧院等等建筑。

纳吉犹太人”（Ashkenazi Jews）的中、东欧犹太族群，他们被称为“赛法迪犹太人”（Sephardi Jews）。在 8 ～ 11 世纪之间，伊斯兰政权统治着伊比利亚半岛大部分的土地，虽然穆斯林与犹太人彼此看不顺眼，但两种族群之间基本上相安无事，并未如欧洲其他地区那样发生反犹浪潮。公元 10 世纪，赛法迪犹太人甚至在文化与学术上发展出了很高的成就，这就是所谓的“犹太黄金时代”（Jewish Golden Age）（Belinfante，1991：13-14）。

好景不长，自 11 世纪末起，随着伊比利亚半岛的基督教政权逐渐从穆斯林手中夺回土地后，赛法迪犹太人开始面临一连串不幸的命运。14 世纪起，各地发生了基督徒屠杀犹太人的事件，幸存的犹太人则被迫改信基督教，成为所谓的“新基督徒”（Cristianos Nuevos）——在外头，他们表现出基督徒的样子，在家里，他们仍保留各种犹太人的传统（Belinfante，1991：14-15）。到了 15 世纪，西班牙出现由教会主导的“宗教裁判所”，可严查所有人的信仰状态，这使得犹太人之“新基督徒”的伪装身份彻底失去作用。1480 年时，所有的犹太人被迫迁入犹太隔离区。1492 年时，

阿姆斯特丹的犹太会堂聚集区，图左侧为葡萄牙犹太会堂，图右侧为大犹太会堂，大犹太会堂的后侧则紧邻着 1752 年落成的“新犹太会堂”。摄自阿姆斯特丹犹太历史博物馆。

西班牙王室正式宣布将犹太人驱逐出境，否则他们将会在宗教裁判所的“信仰行动”（auto-da-fé）下被绑上火柱活活烧死（Belinfante，1991：17-20）。

16 世纪末，这些被驱逐后辗转流离的赛法迪犹太人中，有一群人来到荷兰的阿姆斯特丹，落脚在一个由运河围绕出来的街廓。如今这里已成为著名的“滑铁卢广场”（Waterlooplein），上面建有市政厅、音乐厅与剧院等等。这个街廓并非如欧洲其他城市中的犹太隔离区，而是阿姆斯特丹市政当局为了应对陆续增加的外来移民而规划的新区域，犹太人在这里拥有自由居住与迁徙的权利。

初期，阿姆斯特丹市政当局虽然对犹太人的居住与迁徙不加干涉，但对他们的宗教仍抱持猜疑的态度；有一位名叫乌利哈勒维的拉比在主持完宗教仪式后甚至被当局抓去审讯（Dubiez，1-2）。但荷兰毕竟是个刚脱离西班牙与天主教束缚的新国家，宽容与自由是最重要的价值之一；不久之后，犹太人已可公开进行自己的宗教仪式，甚至兴建犹太会堂。

由于这种自由的气氛，除了赛法迪犹太人外，荷兰亦吸引了不少阿胥肯纳吉犹太人来此定居。

17 世纪上半叶，阿姆斯特丹的犹太人并没有认真计划兴建大型的正式犹太会堂，因为当时在巴勒斯坦出现了一位自称“弥赛亚”的犹太人沙巴泰，许多阿姆斯特丹的犹太人都认为复国在望，不久后就能回到耶路撒冷重建圣殿——亦即古代犹太先知以西结（Ezekiel）所预言的第三圣殿。沙巴泰在 1666 年改宗成为穆斯林，犹太人对这位假弥赛亚大失所望之后，开始在阿姆斯特丹积极兴建犹太会堂（Paraira，2001：43-44）。1671 年，由阿胥肯纳吉犹太人所建造的“大犹太会堂”（Grote Synagoge）落成。1675 年，由赛法迪犹太人所建造的“葡萄牙犹太会堂”（Portugese Synagoge）在街道另一侧跟着完工。18 世纪时，连同其他新建的会堂，这一带成为了一个颇具规模的犹太会堂区。

这些犹太会堂中，最为醒目的是葡萄牙犹太会堂。关于它的命名流传着一个有趣的说法：17 世纪上半叶，荷兰和西班牙之间的八十年战争

由于巨大的开窗，葡萄牙犹太会堂正殿的内部十分明亮。

葡萄牙犹太会堂的正立面，上有着巨大的开窗。

犹太新年期间，犹太拉比在讲台上进行着礼拜仪式，绘于 18 世纪。摄自阿姆斯特丹犹太历史博物馆。

仍如火如荼地进行，这群赛法迪犹太移民担忧他们曾在西班牙定居的背景会引起麻烦，故宣称自己来自葡萄牙而非西班牙，因此他们的后代将新建的会堂命名为葡萄牙犹太会堂（Belinfante，1991：27）。

从外观来看，比起布拉格的老新犹太会堂，这座葡萄牙犹太会堂有更高耸的体量、更巨大的窗户与更明确的入口大门。虽然这座会堂的设计是委托给荷兰的基督徒建筑师进行，但显然地，犹太人业主们曾要求建筑师不要让这座会堂出现当时“荷兰改革宗”教堂（Dutch Reform Church）所流行的特征，包括十字向心式平面与中央尖塔。这意味着，此时阿姆斯特丹的犹太人已无需再压抑自我，可借由会堂外观公开宣告自己与众不同的身份。

如同布拉格的老新犹太会堂，会堂正殿内部的空间与各种元素的配置充分体现了犹太人对于东方故土的思念。基于他们对全球地理的认知，

葡萄牙犹太会堂内部东南侧的墙面为有着华丽雕刻的木制圣柜，其准确地指向圣城耶路撒冷的方向。

葡萄牙犹太会堂内部的讲台。

葡萄牙犹太会堂内部的两侧座椅，全部朝向中央轴线、面对面排列，让参与仪式的会众可同时注视到会堂中两个最重要的元素——圣柜与讲台。

加上荷兰地处高纬度地区，这座会堂的圣柜不偏不倚地朝向了圣城耶路撒冷的方向（东南方），建筑整体更以此朝向作为中央轴线进行配置。正殿内的讲台设置在进入主入口后的不远处，由入口、讲台与圣柜所构成的中央轴线，将正殿内部分为左右两侧，所有的座椅全部面对中心轴线、面对面排列，因此参与仪式的会众可同时看到最重要的两个元素——圣柜与讲台。正殿内部两侧各有六根柱子，它们象征了古代以色列的十二个支派（Paraira，1991：51-56）。

在葡萄牙犹太会堂后端的墙壁上有四组后来新增添的曲线形扶壁，借由它们，可以进一步发现犹太人欲借此会堂建筑与古代耶路撒冷圣殿相呼应的企图。17 世纪时，荷兰的赛法迪犹太人中出现了一位名叫雅各（Jacob Juda Leon）的拉比，他醉心于古代所罗门王圣殿的研究。1667 年，雅各提出了轰动一时的圣殿复原想象图。在这张想象图中，圣殿的外墙

犹太拉比雅各在 1667 年所提出的所罗门王圣殿想象图。摄自阿姆斯特丹犹太历史博物馆。

葡萄牙犹太会堂墙上有四组曲线形造型的扶壁。

上有许多曲线形的扶壁。千百年来，离散各地的犹太人无不认为所罗门王圣殿代表着其先祖最伟大的建筑成就，因此在1774年，犹太人会众们做出决议，将后端的墙面增添上这些意义深远的建筑元素。

从这座葡萄牙犹太会堂可以看到，当赛法迪犹太人逃离伊比利亚半岛、逃离犹太隔离区后，他们已可借由此会堂建筑表达他们在自我认同上的自信。曾在英国光荣革命中扮演重要角色之后成为英国国王的荷兰亲王威廉三世（Willem III van Oranje-Nassau），曾两度造访这座葡萄牙犹太会堂，这样的历史事实更证实犹太社群已在荷兰社会获得应有的尊重。

解放后的笑容与反叛：19 世纪中叶之后的欧洲犹太会堂

19 世纪初，拿破仑的法兰西帝国称霸欧洲，他所推动的一连串政策促使了“犹太人解放”（Jewish Emancipation）时代的来临。如 1806 年宣布废止欧洲各地的犹太隔离区，犹太人得以合法地自由迁徙与居住；1807 年宣布罗马天主教、路德教派、喀尔文教派与犹太教同为帝国境内合法的宗教。

拿破仑下台后，欧洲各地再度发生程度不一的反犹事件，但随后的“1848 年欧洲革命”又让犹太族群的基本权利获得提升。这场发生于欧洲各地、代表“平民对抗贵族”与“自由对抗专制”的革命事件，让欧洲民众重新以理性思考人类的基本权利，即便大部分行动皆以失败收场，但犹太族群却成为这场革命的获益者。革命之后，欧洲的许多城市重新

德国柏林的“新犹太会堂”，建于 1866 年，“二战”后重修。

捷克布拉格的“西班牙犹太会堂”，建于 1867 年。

检视或修改关于市民权利的法令，如曾设有犹太隔离区的德国法兰克福，其市议会即宣布宗教信仰的差异不应造成市民地位的差异，城市里的犹太人应与其他的基督徒享有同样的权利。

犹太人在得到解放后，随即可以在欧洲各地自由地建造犹太会堂。除了在内部继续保留古老的传统外，新建的犹太会堂在外观形式与色彩上呈现更多姿多彩的变化；如 1866 年完工的德国柏林之“新犹太会堂”（Neue Synagoge）、1867 年完工的捷克布拉格之“西班牙犹太会堂”（Španělská Synagoga）与 1882 年完工的意大利佛罗伦萨之“大犹太会堂”（Tempio Maggiore）等。从上述这些案例看出，此时的犹太人已无需掩盖自己的财富，他们可竭尽所能地将会堂盖到最豪华的程度，在选择建筑外观之形式语汇时，他们表现出充分的自主性。

有趣的是，这些犹太人替会堂选用的形式语汇，似乎多半是来自伊斯兰建筑而非基督教建筑。柏林的新犹太会堂与佛罗伦萨的大犹太会堂，虽然被人们贴上“拜占庭式样”（Byzantine style）或是“文艺复兴式样”

意大利佛罗伦萨的“大犹太会堂”，
建于 1882 年。

捷克布拉格的“西班牙犹太会堂”内部，丰富呈现了“摩尔风格”的伊斯兰建筑特色。

（Renaissance style）等基督教建筑式样的标签，但若仔细看，这两座会堂更像是中东地区的清真寺建筑；中央的穹顶是清真寺与基督教堂所共享的形式语汇，立面上那两根分立左右的尖塔，显然是来自清真寺建筑所特有的“宣礼塔”（minaret）。

而布拉格的西班牙犹太会堂与伊斯兰建筑之间的关联更毋庸多言。根据它的名称，你或许会认为这也是一座由赛法迪犹太移民所建造的会堂。事实上，赛法迪犹太人从未大规模移民至布拉格，这座会堂乃是由世居布拉格的犹太人所建造。之所以命名为西班牙犹太会堂，是因为布拉格的犹太人非常向往穆斯林统治西班牙时的“犹太黄金时代”。除了名字，这座会堂的外观或内部，都丰富呈现了“摩尔风格”（Moorish style）的伊斯兰建筑特色。

这些呈现伊斯兰清真寺形式语汇多于基督教堂形式语汇的犹太会堂，所表达的正是对基督教世界的抗议。长久以来，无论是反犹主义或是犹太隔离区，犹太人所忍受的皆是来自基督教世界的压迫。得到解放后，犹太人随即利用犹太会堂的外观表现，宣告他们不愿再受基督教世界的主宰和管制。虽然犹太人缺乏自身的建筑式样传统，但他们宁可多借用一些伊斯兰世界的形式语汇，而少一些基督教世界的形式语汇。

这些会堂建筑就像是犹太人在解放后的笑容，因为此刻他们对于表达自己的情感已无需忧虑，甚至可以为自己的身份感到骄傲；另一方面，也表达出犹太人在解放后对于基督教世界的反叛，借由会堂形式语汇的选择，犹太人正式宣告弃绝对于基督教世界的依附。

“二战”后的犹太人与犹太会堂

欧洲犹太人在19世纪得到了解放，但这不表示反犹主义的止息。1933年，德国纳粹党开始其独裁统治，推动许多大规模的反犹活动。1939年“二战”开始，德国境内的犹太人已经被剥夺德国国民的权利。“二战”期间，希特勒在各地设立远比过去犹太隔离区更可怖的犹太集中营，实行对犹太人的大屠杀。在德军占领的地区，犹太会堂几乎被破坏殆尽。

“二战”后，欧洲的犹太人仅剩下原先的三分之一，虽然各地的犹太会堂皆陆续归还给犹太人，但为数不多的幸存者已无法再让所有战前的犹太会堂继续运作。许多犹太会堂后来都变成博物馆，如威尼斯维奇欧犹太隔离区内的犹太会堂、阿姆斯特丹的大犹太会堂与布拉格的西班牙犹太会堂等等。

1948 年，犹太人在巴勒斯坦地区独立建国，名为以色列。讽刺的是，由于以色列的建国以及其后续的强势作为，当今犹太人和伊斯兰世界之间呈现高度紧张甚至敌对的关系。19 世纪时，欧洲的犹太人向往犹太黄金时代，然而不到一个世纪之后，犹太人与穆斯林却几乎成为死敌。千百年来犹太人在离散中所企盼的第三圣殿，是否已经在耶路撒冷重建了呢？抑或仍在等待重建？这在当今犹太教不同派别——“犹太教正统派”（Orthodox Judaism）、“犹太教改革派”（Reform Judaism）与“犹太教重建派”（Reconstructionist Judaism）——的争论不休下，或许已经成为另一个复杂难解而且没有结局的故事。

参考书目

- Pařík, Arno. *Prague Synagogue*. Prague: Židovské Museum. (2000).
- Belinfante, Judith C. E. The Sephardis, the Jews of Spain. In: Martine Stroo & Ernest Kurpershoek (eds.), *The Esnoga: A Monument to Portuguese-Jewish Culture*. Amsterdam: D'ARTS. pp. 11-33. (1991).
- Dubiez, F. J. *The Sephardi Community of Amsterdam*. Amsterdam: Portuguese-Jewish Synagogue.
- Paraira, David P. Cohen. A Jewel in the City. In: Martine Stroo & Ernest Kurpershoek (eds.), *The Esnoga: A Monument to Portuguese-Jewish Culture*. Amsterdam: D'ARTS. pp. 41-68. (1991).
- Salfellner, Harald. *The Prague Golem: Jewish Stories of the Ghetto*. Prague: Vitalis. (2006).
- Van Voolen, Edward. A "Miniature Santuary": The History and Function of the Synagogue. In: Martine Stroo & Ernest Kurpershoek (eds.), *The Esnoga: A Monument to Portuguese-Jewish Culture*. Amsterdam: D'ARTS. pp. 34-40. (1991).

III

形式的移植与复制

历史上各种案例显示，建筑形式在时间进程上的变化，并非仅如传统典范所强调的只是单一文化与单一地域脉络下的演化，而常常存在跨文化与跨地域的形式移植与复制。在这个过程中，可以看到“认同”机制的重要性。在武力征服、贸易往来或是移民过程中，当地的人们有时会选择接受外来的建筑形式，借以表达“自我身份”对“他者身份”的认同，或是表达欲将“自我”依附于“他者”的意愿；另一方面，外来者有时会以强迫的方式让当地人接受其所带来的建筑形式，借以表达其“自我”身份的优越性，或是表达欲将“他者”依附于“自我”的企图。

本书第五章为《漂洋过海的形式移植——中国泉州街屋的印度莫卧儿拱式》，以中国泉州街屋上普遍出现的拱式为讨论对象，通过溯及其在印度莫卧儿帝国时期的起源，以及这种拱式在世界各地的传递，如东南亚与欧洲，讨论“在地—外来”与“自我—他者”间相互牵制与影响的微妙关系，以及形式移植背后的实相。

本书第六章为《在北方复制罗马——德国特里尔的城市空间与建筑》，以罗马帝国在其北方疆界处莱茵河流域所建造的特里尔城（今位于德国境内）为讨论案例，说明作为征服者的古罗马人，如何将其原有的城市与建筑形式，复制到当时北方的化外之地。借由形式复制的现象，讨论古罗马人对于外族（高卢人与日耳曼人）的政治企图，以及其所欲彰显的帝国力量。

五　漂洋过海的形式移植——中国泉州街屋的印度莫卧儿拱式

泉州以及邻近地区的拱式

在中国泉州的老城区，可以发现一种普遍出现的拱式，通常是作为街屋窗子上方的装饰。它们可能是石造、砖造或是木造，虽然有的较为高耸，有的较为扁平，但都具备相仿的形式特征。其形式上大致有两点特征：一、中央为尖拱，尖拱两侧沿着上凹的弧线向下，经过反曲点后再成为下凹的弧线，形成葱形的拱式，依照建筑学的形式分类，可称为“葱形拱式”（Ogee Arch）；二、葱形拱式的两侧通常还会再搭配上一组或多组的

泉州街屋立面上的拱式。

漳州街屋立面上的拱式。

厦门鼓浪屿洋楼立面上的拱式。

金门民宅上的拱式。

连续对称拱圈。除了泉州，这样的拱式也出现在其邻近地区，如漳州、厦门或金门，甚至一些偏远的小村镇。

这些以葱形拱式搭配着连续对称拱圈作为装饰的建筑，大多兴建于18世纪至20世纪初。有些居民确切指出其中几栋是由海外华侨所建，也有些居民认为这种拱式可能和过去泉州的外国穆斯林有关。据此可以大略知道，这种拱式应是由海外输入，而非源自中国本土的形式语汇。这种拱式究竟源自哪里？它为何会移植到泉州等地呢？它在泉州的现身代表了什么意义？

“葱形拱式”与“连续对称拱圈”的起源与发展

这些在泉州及其周边地区观察到的拱式，第一个特征是其中央的葱形拱式。根据有限的建筑史资料，无法确切指出这种葱形拱式的起源，但大致知道最早可能出现在古代波斯（今伊朗）。部分考古学家推测，公

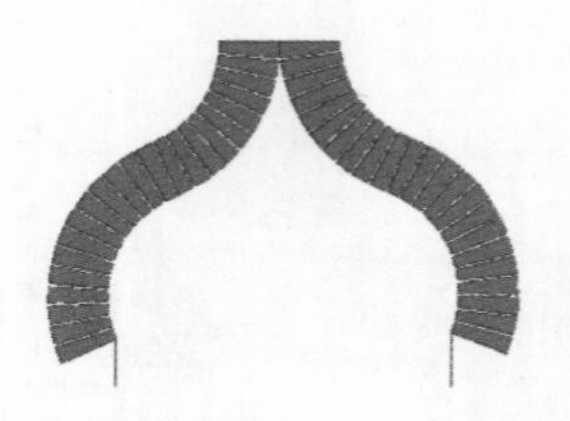

葱形拱式（Ogee Arch）图示。

波斯王居鲁士大帝之墓，建于公元前6世纪，上端的屋顶据推测可能为葱形拱式。

印度阿旃陀石窟群的第 9 号石窟入口，其上方以葱形拱式作为装饰。

印度艾哈迈达巴德市的大清真寺，建于 15 世纪，
其以莫卧儿拱式作为正面入口上方的装饰。

元前 6 世纪兴建的居鲁士大帝（Cyrus the Great）之墓，其屋顶即有葱形拱式的造型，只可惜此顶盖保留不够完整，对其原貌的推测仍众说纷纭。通过其他较晚的建筑遗迹则可发现，这种葱形拱式早已在古波斯以及其周边地区出现。伊斯兰教兴起后，此拱式更进一步被吸纳成为伊斯兰建筑的特征之一。随着伊斯兰势力的扩散，葱形拱式跟着成为各地清真寺的普遍元素。

在与波斯接壤的印度，亦有葱形拱式早期形式的遗迹。例如在著名的阿旃陀（Ajanta）佛教石窟群中，有几个建于公元前 2 世纪至公元 2 世纪之间的石窟，其入口雕刻着葱形拱式的装饰。到 15 世纪，印度西北部已是伊斯兰的势力范围，当地的清真寺都有葱形拱式的装饰造型，此外，连续拱圈的装饰亦在这些建筑中出现。如印度艾哈迈达巴德市（Ahmedabad）的大清真寺（Jami Masjid，15 世纪），可以发现石造的主要大门上有葱形拱式的造型，进入大门后的两根对柱上方，亦有一组连续拱圈。其大门上方的葱形拱式并未直接搭配多组的连续对称拱圈，对柱上方的连续对称拱圈的中心点亦非葱形拱式。在这个时候，葱形拱式与连续拱圈两者尚未结合在一起，它们仍是两种独立存在的元素。

葱形拱式与连续拱圈在印度的结合，称为“莫卧儿拱式”

16 世纪，印度进入莫卧儿帝国时期，其统治者为穆斯林。莫卧儿帝国极盛时期的领土范围涵盖今日印度的大部分、巴基斯坦与孟加拉等地，西接萨菲王朝（Safavids Dynasty）所统治的波斯。就在此时，首度见到葱形拱式与连续对称拱圈的结合，它被命名为“莫卧儿拱式”（Mughal Arch）。

在 16 至 19 世纪之间，莫卧儿拱式发展成为印度普遍出现的建筑元素，无论城堡、陵墓、宫殿或是清真寺，都可以发现它的踪影。在阿格拉

印度阿格拉堡的公众集会厅的柱廊，建于 16 世纪。

的城堡（Agra Fort，16 世纪）和泰姬玛哈陵（Taj Mahal，17 世纪）以及德里的红堡（Red Fort，17 世纪）和大清真寺（Jama Masjid，17 世纪），莫卧儿拱式都扮演着极为重要的角色。

而且，莫卧儿拱式还被其他非伊斯兰教信仰的印度人所接受。如邻近德里的斋浦尔王国，其统治者虽然是传统印度教徒，亦大量使用莫卧儿拱式作为各类型建筑的装饰。在王国首都斋浦尔城（Jaipur，建于 18 世

印度德里红堡的私人集会厅的柱廊，建于 17 世纪。

印度阿格拉的泰姬玛哈陵墙面，
建于 17 世纪。

印度斋浦尔的布哈拉特宫旅馆（Hotel Bharat Mahal），
建于现代，其使用莫卧儿拱式作为正立面的装饰。

印度德里大清真寺的塔楼，建于 17 世纪。

印度斋浦尔的皇宫，建于 18 世纪初，现为城市宫殿博物馆，其建筑群之各部分都可以见到莫卧儿拱式。

印度斋浦尔的哈瓦宫，建于 18 世纪末，使用莫卧儿拱式作为墙面的装饰。

印度斋浦尔的印度教庙宇，使用莫卧儿拱式作为骑楼柱廊的装饰。

纪初），无论是宫殿、印度教庙宇或是街屋，都有此拱式的踪影。今日的印度，虽然莫卧儿帝国的辉煌已成过去，但一般印度人仍不掩其对莫卧儿拱式的喜爱，继续以其装饰各种新建的建筑物。

同在世界贸易网络上的印度与中国泉州

印度莫卧儿拱式和中国泉州等地所见到的拱式，有着极类似的特征，它们的中心都是一组葱形尖拱，其两侧搭配着一组至多组的连续对称拱圈。基于印度莫卧儿拱式出现的年代早于中国泉州拱式，或许可以大胆推测，如同葱形拱式借由陆路由波斯输入至印度，印度形成的莫卧儿拱式有可能借由别的渠道输入至中国泉州。在下定论之前，仍需从贸易、文化或宗教的交流方面检视印度与中国之间的关系。

各种史料证实，全球的贸易活动在古老的年代就已经开始了。古代陆上或海上丝绸之路，串起了东亚、南亚、西亚至欧洲等地区，除了商品得以往来之外，各种文化交流也随之展开。在这个贸易网中，印度正好位于中央的位置，在漫长的历史中，印度文明的一切必定曾借此网络传递至其他地区，甚至包括中国，佛教就是一个最佳的例子。

16 世纪之后，由于西方各国纷纷以强大的海上势力至亚洲开拓市场，此古老的贸易网络进一步被强化，许多印度的海港贸易城市随之兴起（Van Veen，2005：11-14）。以荷兰东印度公司为例，在 17 与 18 世纪间，他们

泉州开元寺里受印度教风格影响的石柱。

泉州灵山圣墓区的三贤、四贤伊斯兰圣墓，图中进行礼拜的人，为来自印度孟买的穆斯林。

泉州出土的石刻，上有印度教主题的湿婆神“宇宙之舞”，摄自泉州海外交通史博物馆。

泉州出土的印度教石刻，上有印度教主题的大象与象征湿婆神与其配偶结合的“林伽与约尼”，摄自泉州海外交通史博物馆。

曾在印度东岸与孟加拉等地建立了十多个港口据点（Jacobs，2006：91-100）。到了18世纪中叶，英国东印度公司取而代之，形成对印度贸易的独占势力，他们在前荷兰东印度公司的基础上，设立了更多的港口据点，这些据点在日后发展成重要的贸易城市，这些城市都非常有可能是印度莫卧儿拱式输出至泉州的源头。

中国方面，各种史料记载了泉州在中国与海外之商业与文化交流中所扮演的重要角色。11世纪（宋代）时，官府甚至在泉州设立了市舶司，专管贸易税收等事务（宋岘，2007：159）。意大利的犹太商人雅各·德安科纳（Jacob D'Ancona）所著的《光明之城》（*City of Light*），更可以见到，宋末时期的泉州甚至有意大利热那亚人的商会，以及各种来自印度的商品（Jacobs，2007：235，282）。宋代官府恐市内的外国人不易控制，更规定这些外国人不得居住城内，只能居住于镇南门以外，这让泉州城南地区形成了外国人的集居地（戴泉明，2007：62）。

到了14世纪的元代，泉州已成为东亚最大的港口贸易城市。无论从意大利人马可·波罗或是摩洛哥旅行家伊本·白图泰（Ibn Battuta）的游记中都可得知，泉州有尺寸惊人的大港，大港内停泊着无法计数的船只。泉州城内有大量外国人，以及各种外来的宗教。15世纪的明代，当郑和准备第五次下西洋时，他先到泉州灵山的三贤与四贤伊斯兰圣墓前行香，祈求神灵庇佑（宋岘，2007：186），这证实了伊斯兰教在泉州的兴盛。到了明末与清代，朝廷虽然实施海禁政策，但民间对外的私商贸易仍相当活络（陈高华，2007：27），17世纪郑氏家族的海上事业即为明显的例子。大批华人在明清年间，由泉州等地移居至台湾地区或东南亚，自此泉州成为中国重要的侨乡之一。简而言之，自唐宋以后，无论朝廷的政策如何改变，泉州作为中国与海外交流的重要城市，其地位未曾改变。

同处世界贸易网络下的泉州与印度，两者之间的往来有许多直接的

泉州最古老的清真寺——清静寺，此入口大门约建于14世纪。

证据。伊本·白图泰曾以印度穆斯林苏丹使节的身份到过中国泉州等地（李玉昆，2007：141-142）。泉州市内有许多受印度文化影响所遗留下的痕迹，如在古老的泉州开元寺里可以发现有数根具有印度教风格的石柱。大批与印度教有关的文物陆续在泉州出土，如湿婆神（Shiva）的"宇宙之舞"（Nataraja）石刻，以及象征湿婆神与其配偶结合的"林伽与约尼"（Linga & Yoni）石刻。甚至可以想象，当时在清静寺（泉州最古老的清真寺）里面做礼拜的人们，必定有大量来自印度的穆斯林。

在泉州落地生根的莫卧儿拱式

据此可大胆推论，泉州街屋所观察到的拱式，应是由印度传入的。虽然泉州等地具有莫卧儿拱式的街屋都出现在18世纪以后，但从其他的证据可发现，传入的时间可能更早。通过泉州城南地区的考古挖掘，发现了许多以莫卧儿拱式为造型的墓碑与墓盖，它们的年代皆早于18世纪，这些证明大量外国穆斯林与基督徒曾在泉州世居，说明莫卧儿拱式确实是外国人带入的外来形式，在其运用于当地建筑之前，即曾以其他方式出现。

泉州城南是发现莫卧儿拱式墓碑与墓盖的主要地区，亦是此拱式运用于建筑上最密集的地区，几乎平均每两三间街屋，就有一间以此作为装饰，有些地方甚至连续好几栋房子都有这种装饰。这说明莫卧儿拱式首先运用于外国人的墓碑与墓盖之后，才逐渐运用于建筑。一开始或许是外国人首先将此拱式运用于他们的住家装饰，随后当地汉人起而仿效之，进而此拱式再进一步传至泉州周边的各个城市与村镇。

泉州出土的伊斯兰墓碑。

泉州出土的基督徒墓碑。

这说明在泉州的外国人，无论他们是来自哪里，无论他们信奉伊斯兰教或是基督教，都期望借此外来形式表达其区别于当地汉人的身份与宗教。这种借莫卧儿拱式作为自我认同的方式，在今日的泉州仍旧可见。如在泉州清静寺的明善堂（礼拜堂），人们即以此来装饰朝向麦加的墙面（Qibla Wall）。甚至在一些泉州穆斯林后代的新墓，莫卧儿拱式仍是其主要特征。

问题是为何泉州当地的汉人肯接受这种代表不同身份与宗教的外来形式呢？这个问题其实不难回答，综观世界建筑史，各种建筑形式总是不断地移植与融合。人们常常将某种形式带至另一个地方，只要这些形式能够在某种程度上代表财富、地位与权力上的优势，或者反映出所欲追求的身份认同，当地人往往会接纳并将这个新形式融入既有的传统。

泉州的汉人在 19 世纪之前接纳来自印度的莫卧儿拱式，其心态或许就类似于东亚各国在 19 世纪末接纳来自欧洲的建筑语汇。当 19 世纪下半叶西方势力大举入侵东亚时，东亚的人们不得不接受西方人所带来

泉州开元寺的石柱，上头有着莫卧儿拱式的雕刻。

泉州灵山圣墓区穆斯林后代的新墓。

泉州清静寺明善堂（礼拜堂）里，人们以莫卧儿拱式装饰朝向麦加的墙面。

的技术、制度与观念，使用欧洲的建筑语汇，可满足他们追求进步以及对自身未来的想象。在此之前，最令泉州汉人所钦羡的，恐怕就是那些外国商人所带来的财富，以及这些财富所带来的地位与权力。华丽的莫卧儿拱式不但容易模仿，更可满足他们对未来的想象，因而大部分的莫卧儿拱式都出现在商人居住的街屋以及富裕的华侨所兴建的洋楼。这种形式亦渗入汉人建筑以外的领域，例如在泉州开元寺里的部分石柱，即有着莫卧儿拱式的雕刻。

这些案例说明莫卧儿拱式已在泉州等地落地生根，成为当地汉人可以普遍接受的形式。对于泉州的穆斯林或是印度侨民，莫卧儿拱式是自我认同的坚持，对于泉州的汉人或返乡华侨来说，是追求成功的象征。因此这种跨越地区、族群与宗教的形式移植，非但没有成为禁忌，反而丰富了此形式的意义内涵。

斯里兰卡科伦坡的Jami Ul Alfar清真寺，其立面有莫卧儿拱式的装饰。

莫卧儿拱式在世界各地的移植

莫卧儿拱式能够千里迢迢地由印度传至中国泉州，它自然也会通过各种渠道传至世界其他地方。在邻近印度的斯里兰卡，即可见到由印度穆斯林移民所兴建的清真寺使用了莫卧儿拱式；除了清真寺，位于斯里兰卡中部康提（Kandy）附近山区中的恩贝卡寺庙（Embekka Devalaya）（里面同时供奉着印度教神祇、当地神祇与佛陀）中，我们亦可以发现莫卧儿拱式的踪影，并与斯里兰卡的传统“龙形拱”（Dragon Arch）相互结合。在印度东北部喜马拉雅山的另外一头，这种拱式也跨越了地域与宗教的隔阂，成为藏传佛教神龛的形式语汇。而在新加坡，跟随印度移民，莫卧儿拱式被大量使用在印度教庙宇或清真寺建筑上。

在遥远的欧洲似乎也有莫卧儿拱式影响的痕迹。如意大利的威尼斯，

新加坡的马里安曼印度教神庙（Sri Mariamman Temple），建于19世纪初，内部以莫卧儿尖拱作为装饰。

斯里兰卡康提附近山区里的恩贝卡寺庙，主殿入口明显为莫卧儿拱式，其并与斯里兰卡的传统龙形拱相互结合。

新加坡的纳哥德卡殿清真寺（Nagore Durgha Shrine），建于19世纪初，正入口的上方有着莫卧儿拱式的装饰。

公元 19 世纪藏传佛教的神龛，有类似莫卧儿拱式的装饰。摄自德国不来梅（Bremen）的海外博物馆（Übersee Museum）。

意大利威尼斯的一般街屋，有类似莫卧儿拱式的窗饰。

威尼斯的圣乔万尼与保罗教堂，建于 12 至 15 世纪。

自中世纪开始即与东方有着密切的贸易往来，吸收了许多来自东方的事物。在威尼斯众多的街屋建筑中即大量出现类似来自印度的莫卧儿拱式。但比起其他地方，这种在威尼斯出现的拱式，却更不容易厘清其形式的来源，因为欧洲自身存在着另一种强烈的拱式传统——哥特式尖拱。

莫卧儿拱式上的葱形尖不同于哥特式尖拱——后者自最高点往下呈

德国明斯特的圣保罗主教座堂，建于 13 世纪。

意大利威尼斯的公爵府，建于 14 至 15 世纪。

下凹的曲线。在欧洲不少地方，可见到哥特式尖拱与葱形拱式的混合呈现，如德国明斯特（Münster）圣保罗主教座堂（Sankt Paulus Dom，13 世纪）。这种在欧洲出现的葱形拱式是源自欧洲本身，还是受到东方的影响，难以说清，毕竟在 1096 年至 1291 年十字军东征时，欧洲人确实从东方带回许多事物。

建于不同年代的威尼斯建筑——如圣乔万尼与保罗教堂（Basilica di Santi Giovanni e Paolo，12 至 15 世纪）与公爵府（Palazzo Ducale，14 至 15 世纪）——所呈现的拱式更令人疑惑。究竟这些威尼斯街屋、教堂与公爵府上的拱式，代表的是哥特式尖拱的传统，波斯葱形拱式的传统，还是印度莫卧儿拱式的传统？虽然无法在短时间内厘清这些问题，但基于欧洲与东方曾密切交流的历史事实，至少可以保守地推测，这些在威尼斯出现的拱式是各种东西方形式传统混合后的产物，即便可能与16世纪后出现的莫卧儿拱式无关，但不能排除其或许与更早的波斯葱形拱式有关。

在世界建筑史里，莫卧儿拱式只是众多形式移植中的一小部分。某种特定的形式一开始可能仅出现于某地，或者同时出现于完全不相关的两三地。通过人类的活动，这些形式被移植至不同地方，有些与当地形式产生冲突，有些则被接纳，进而与当地形式融合。在这个过程中，人们往往会赋予这些形式新的意义，无论是直接承袭旧的意义，或是叠加于旧的意义之上，甚至是完全取代旧的意义。这种意义的增生与转变，正是建筑形式移植过程中必须探讨的地方。

当莫卧儿尖拱跨越时空、跨越族群并跨越宗教被不同的人广泛使用时，或许应该意识到，建筑里没有绝对的“本土形式”或“外来形式”。建筑作为身份认同的投射或表现，则是流动而非固定的。形式与意义之间，未曾、也不会是永恒的等号。

参考书目

- 宋岘：《古代泉州与大食商人》。《泉州文化与海上丝绸之路》，页 144–169。北京：社会科学文献出版社，2007。
- 宋岘：《泉州港是中国的阿拉伯走廊》。《泉州文化与海上丝绸之路》，页 170–189。北京：社会科学文献出版社，2007。
- 李玉昆：《海上丝绸之路与泉州多元文化》。《泉州文化与海上丝绸之路》，页 130–143。北京：社会科学文献出版社，2007。
- 陈高华：《泉州与海上丝绸之路》。《泉州文化与海上丝绸之路》，页 24–28。北京：社会科学文献出版社，2007。
- 戴泉明：《刺桐港考证及其申报世遗的文化意义》。《泉州文化与海上丝绸之路》，页 53–94。北京：社会科学文献出版社，2007。
- D'Ancona Jacob：《光明之城：一个犹太人在刺桐的见闻录》（杨民、成纲、刘国忠、程薇译）。台北：台湾商务，2000。
- Jacobs, Els M. *Merchant in Asia: The Trade of the Dutch East Indian Company during the Eighteenth Century*. Leiden: CNWS Publications. (2006).
- Van Veen, Ernst. The European-Asian relations during the 16th and 17th centuries in a global perspective. In: Ernst van Veen and Leonard Blusse (eds.), *Rivalry and Conflict: European Traders and Asian Trading Networks in the 16th and 17th Centuries*. Leiden: CNWS Publications, pp. 6-23. (2005).

六　在北方复制罗马——德国特里尔的城市空间与建筑

早在罗马帝国形成前的罗马共和时代（Roman Republic），罗马人即开始借其军事力量向外扩张。进入帝国时代后，扩张之举未见停歇，2、3 世纪时，罗马的版图除了意大利本土之外，更涵盖东至西亚、南至北非、西至西班牙、西北至不列颠、北至莱茵河畔的土地。在这片广大的土地上，

罗马人在法国阿尔勒所建的竞技场。

罗马人在德国桑腾所建造的神庙。

罗马人在德国科隆所建造的坟墓，其形式仿如罗马的神庙。

特里尔的竞技场，建于 2 世纪。

特里尔的长方形会堂，建于 4 世纪，目前作为教堂使用，被联合国教科文组织指定为世界文化遗产。

罗马人在特里尔旁的莫塞河上所建的桥梁，建于公元前 18 年，此桥经过历代多次修建，目前的主要桥体为 14 世纪所建，已被联合国教科文组织指定为世界文化遗产。

特里尔的中心广场复原模型，此广场建于公元 1 ～ 4 世纪。摄自特里尔的莱茵地区博物馆（Rheinisches Landesmuseum Trier）。

特里尔的跑马场复原模型，此跑马场建于公元 2 世纪。摄自莱茵地区博物馆。

特里尔的恺撒浴场，建于4世纪，被联合国教科文组织指定为世界文化遗产。

罗马人设置了许多行省以及殖民城市，如位于今日法国的阿尔勒(Arles)、德国的科隆与桑腾（Xanten），这些城市都曾经拥有与帝国首都罗马相仿的都市元素。

位于德国莫塞河畔、素有“北方罗马”之称的特里尔（Trier），至今仍保有大量罗马时代的遗迹，如城门、长方形会堂（basilica）、竞技场（amphitheater）、桥梁以及浴场等。经过考古挖掘，城内更发现了罗马时代的宫殿、广场（forum）、跑马场（circus）以及众多的神庙。整个特里尔城就像是一个罗马城的复制品。

由高卢人的聚落成为罗马帝国的首都

特里尔城建城之前，在其所在地的对岸，就是莫塞河的西岸，早已有高卢人特雷维里族（Treveri）的聚落，这个族的名字即是特里尔城名称的由来。随着恺撒于公元前 1 世纪征服高卢，罗马人的势力到达阿尔卑斯山以北的莱茵河地区。为了巩固前线，罗马人计划兴建一条可由地中海地区连接到莱茵河地区的道路，这条道路通过了特雷维里族的聚落。公元前 18 年，罗马人在当地莫塞河上建造了一座桥梁，以衔接这条要道，在桥东岸建立了特里尔城，作为驻军之用（Merten，2005：90-91）。到了 1 世纪，特里尔的居民已拥有罗马帝国所赋予的“拉丁权利”（Latin Right），具备了准罗马公民的身份。

公元 235 年至 284 年，罗马帝国面临了所谓的“第三世纪危机”（Crisis of the Third Century），这个危机凸显了特里尔城的重要性。期间，帝国内部陆续发生篡位、叛乱等事件，短短五十年，罗马帝国竟然出现了二十六位皇帝。罗马帝国的东方有波斯人的入侵，北方则有日耳曼人的骚扰，连原先顺服的高卢人亦尝试脱离罗马政权的管辖。公元 269 年至 274 年，

高卢人特雷维里族在莫塞河西岸之聚落的想象图。摄自莱茵地区博物馆。

罗马人在莫塞河东岸建立之特里尔城的想象图。摄自莱茵地区博物馆。

高卢人曾短暂脱离帝国的统治，成立了高卢帝国（Gallic Empire），以特里尔城作为首都（Kann，2007：2-3）。

公元284年，当罗马皇帝戴克里先（Diocletian）即位时，此“第三世纪危机”才告终。戴克里先认为过大的帝国疆域实不利于统治，因此在公元293年，建立了“四帝共治制”（Tetrarchy），这个制度的实施提升了特里尔城在罗马帝国中的地位。戴克里先将帝国分为东、西两个半部，每个半部则由一位称作“奥古斯都”（Augustus）的“正帝”（emperor）与一位称作“恺撒”（Caesar）的“副帝”（co-emperor）共同治理。在东帝国，戴克里先自己担任奥古斯都，并任命伽勒里乌斯（Galerius）为恺撒；在西帝国，他则任命马克西米安（Maximian）为奥古斯都，驻在米兰，任命君士坦提乌斯（Contantius Chlorus）为“恺撒”，驻在特里尔。公元305年，戴克里先和马克西米安同时逊位，因此东、西帝国的两位恺撒——伽勒里乌斯与君士坦提乌斯——同时升格为“奥古斯都”（Kann，2007：4-5）。因为如此，君士坦提乌斯所驻在的特里尔城，瞬间变为西帝国的首都。

君士坦提乌斯的儿子即为著名的君士坦丁（Constantine），青年时期的君士坦丁原在东帝国戴克里先的手下任职，并作为他的人质。公元306年，君士坦提乌斯过世，君士坦丁逃离戴克里先的控制，到特里尔继承其父留下的政权与军权。君士坦丁不满足于做个四分之一帝国的统治者，他自封为“奥古斯都”，更欲在统一全境后，成为帝国唯一的皇帝；往后的十多年间，不断与其他几位帝国的“正帝”和“副帝”交战。公元324年，君士坦丁终于取得最后胜利，在330年将首都迁往拜占庭。在这霸业完成之前，特里尔城一直是他最重要的根据地。

特里尔的城市规划

和许多其他罗马殖民城市一样，特里尔城是一个由罗马兵营发展出来的城市。在拉丁语中，罗马兵营称作“卡斯特拉”（Castra）；今日那些名称有着“-caster”或“-chester”字尾的城市，如兰卡斯特（Lancaster）、彻斯特（Chester）或曼彻斯特（Manchester），其最早的雏形皆是罗马帝国驻军的兵营。罗马兵营有几项特征：其一，它们的营区平面通常是方形，四个边分别呼应了东西南北四个方位，营区围墙则以木头或砖石所造，四个边上各有一个营门；其二，兵营内部有两条呈十字交叉的主要通道，分别连接东西侧和南北侧的门；其三，“指挥总部”（principia）设置于这两条通道的交会处，亦即营区的中心点，其内还设有一个集合场，作为统帅接见将士或发表谈话之处。

经过三百多年的建设，特里尔在4世纪时已形成一个长、宽各约2公里与1.6公里的大城市。虽然它的外围轮廓并非方形，但城内的空间特征，仍清楚呈现出最早的兵营形式。此城的东南西北侧各有一个主城门，

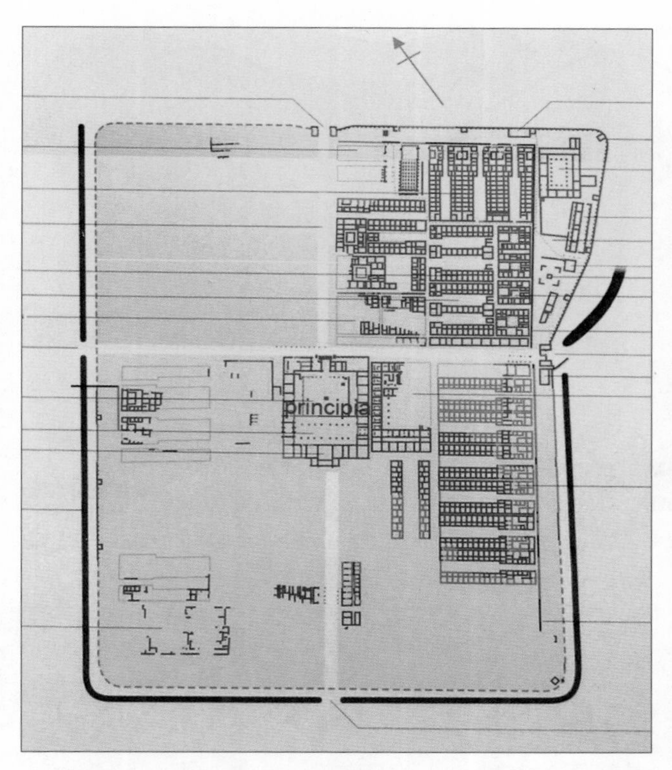

荷兰奈梅亨（**Nijmegen**）的罗马兵营平面图，可以看出罗马兵营的几点特征。摄自奈梅亨的瓦克霍夫博物馆。

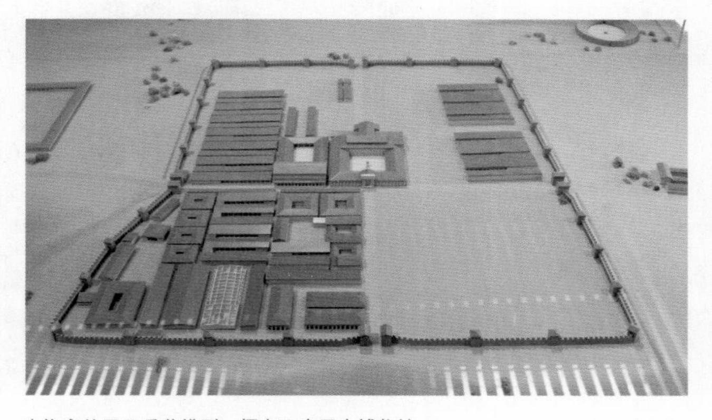

奈梅亨的罗马兵营模型。摄自瓦克霍夫博物馆。

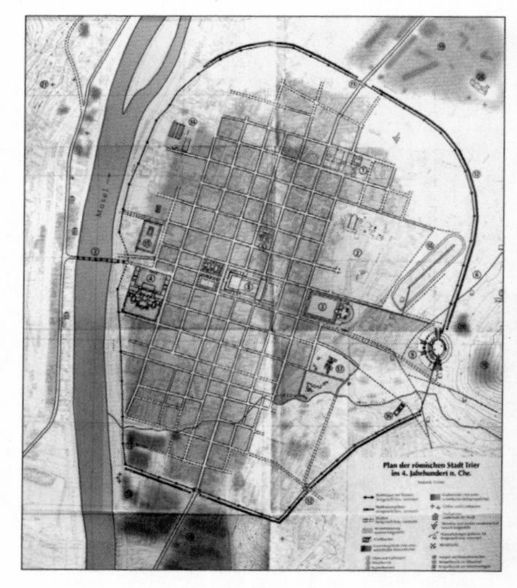

4 世纪时的特里尔城市平面图。

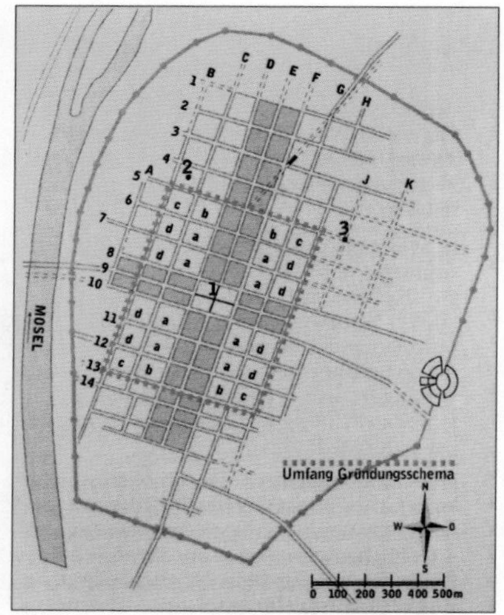

特里尔城内部的道路与街廓系统。

特里尔的西城门模型。摄自莱茵地区博物馆。

特里尔的“尼哥拉门”，建于2世纪，现已被联合国教科文组织指定为世界文化遗产。

特里尔的中心广场复原模型，此广场建于公元1~4世纪。摄自特里尔的莱茵地区博物馆。

北门即为至今仍保存良好的“尼哥拉门”（Porta Nigra），西门则设在莫塞河对岸，以保护这条衔接帝国要道的桥梁。城内所呈现的格子状道路系统，明显发展自兵营里的十字通道。至于特里尔城的中心广场，则仿如兵营总部的集合场。

中心广场区域

特里尔的中心广场区域是全城的核心，代表帝国权力的展现。平时，统治高层在此广场与周边建筑中进行政治活动，从这里向市民颁布命令；战时，这里即成为指挥中心，犹如兵营的总部。由于这里的崇高地位，围绕广场的建筑往往比起外面的建筑高耸巨大。对于一辈子从未

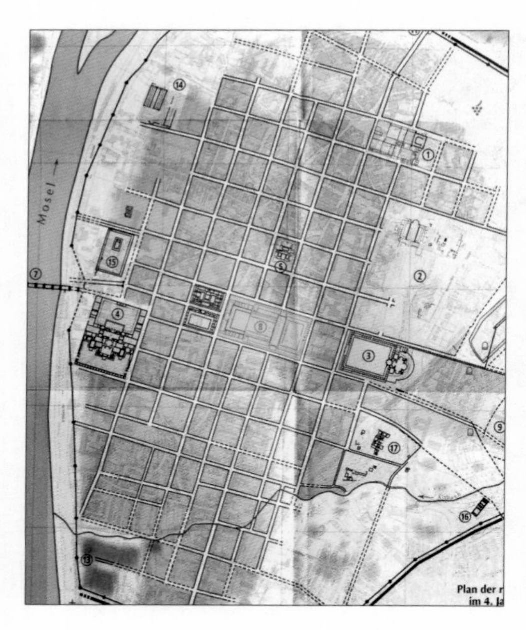

标示黄色的区域即为特里尔城中心的广场区。

由西朝东望向特里尔的中心广场区。摄自莱茵地区博物馆。

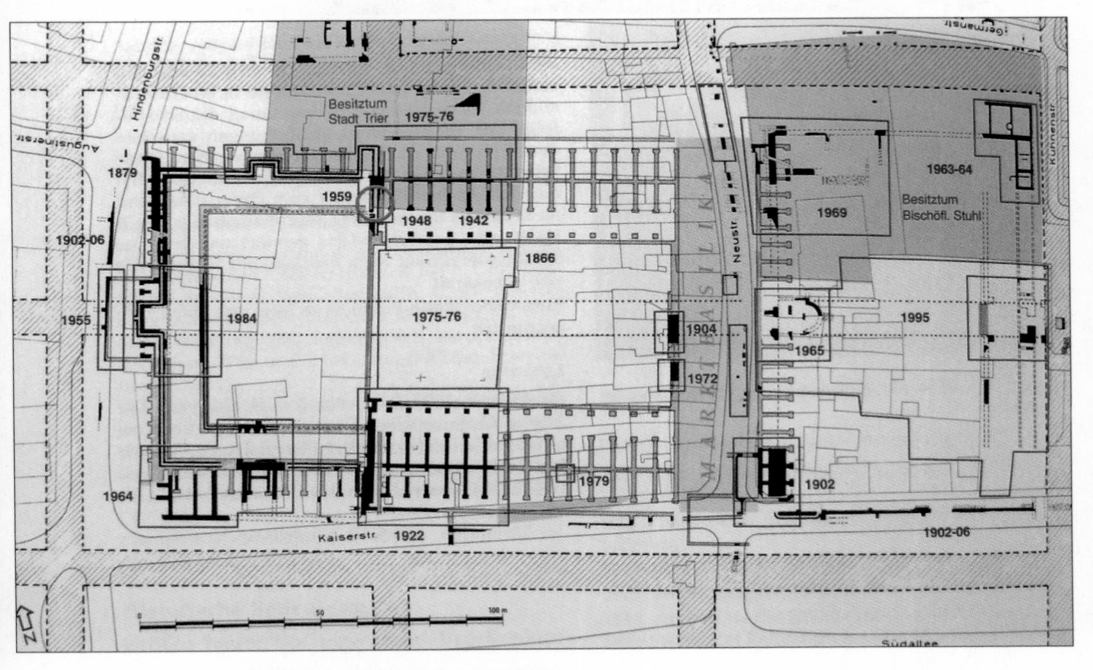

特里尔的中心广场区的考古挖掘平面图。

罗马城中的罗马广场。

到过罗马的大部分特里尔市民来说，此广场区满足了他们对于帝国力量源头的想象。

如同罗马城中的罗马广场（Roman Forum），特里尔的中心广场区域表现出高度的政治性以及高度的神圣性。由西侧进入特里尔的中心广场，穿越之后可以到达东侧的主要官方建筑。在官方建筑的东侧，即轴线的底端，有一个供官方进行祭祀活动的神庙。《建筑十书》中提到，神庙最好能“坐东朝西”配置，以使人们在献祭时可以面朝神圣的日升之方，神像可由此神圣的东方注视正在献祭中的人们（Vitruvius，116-117）；以此神庙朝向为基础，特里尔的中心广场区（甚至整个城市）是“坐东朝西”的配置。

对于统治者而言，在特里尔的中心广场区域，政治性与神圣性两者得到紧密结合，这让他们在世俗的统治权力可获得来自超越界之力量的强化（注1）。

神庙建筑群

中心广场区域的神庙之外，在城内的东南方山丘上，有一整片神庙建筑群。在4世纪，其规模仅次于罗马城，为帝国全境中第二大神庙群。这群神庙的配置大多依循“坐东朝西”的原则，这些位于山丘高处的众神，可由神圣的东方俯瞰整个城市，整个城市因而得以笼罩在神圣的氛围中。

除了供奉罗马与高卢神祇外，这群神庙内还供奉了这两类融合后的神祇。随着罗马帝国势力的扩张，四处征战的罗马军人亦将他们所崇敬

特里尔城东南方小山丘上的神庙群。

标示黄色的区域即为特里尔城内东南方山丘上的神庙区。

的神祇带往各地。征服这些地区后，罗马人通常会先在当地信仰体系中，找出可与罗马神祇相互对应的当地神祇，通过建庙立像，将这两类神祇合二为一。对于那些无法顺利与罗马神祇相互对应的地方神祇，罗马人则会利用“神祇联姻”的手段，即让这些当地神祇成为罗马神祇的配偶。借此，当地的信仰体系可与罗马的信仰体系逐步统合，当地部族逐渐拥有和罗马人相同的意识形态。因此，这片神庙群固然是为了满足当地居民的信仰需求而设立，却间接地强化了罗马人在特里尔的统治基础。

长方形会堂

在特里尔城内的东北处，有一片始建于 2 世纪的宫殿区，供统治者居住；4 世纪时，此宫殿区的规模已可媲美位于罗马帕拉丁山丘（Palatine Hill）上的宫殿群。公元 310 年，君士坦丁在这里新建了一座长方形会堂，作为法庭以及接见臣民与宾客的地方（Reusch，2001：2-4）。站在会堂宏伟的内部，可充分感受到当时君士坦丁的权威与尊严。虽然意大利的罗马城曾有更多的长方形会堂，但其保存状况都不若特里尔长方形会堂般完好。

君士坦丁自封为奥古斯都之后，除了需要借由政治与军事行动展现

位于宫殿区中的长方形会堂模型。摄自莱茵地区博物馆。

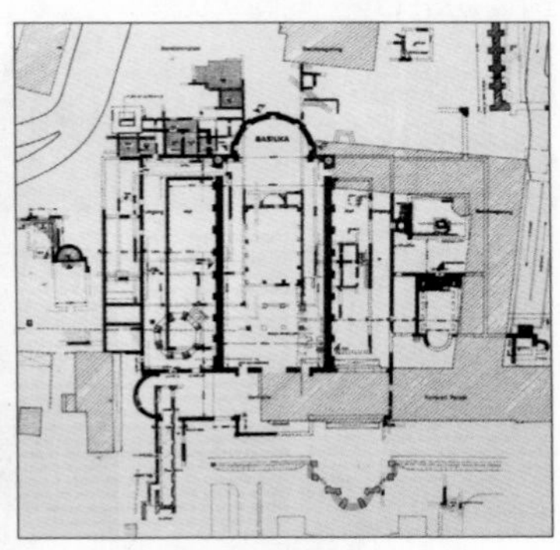

长方形会堂的考古挖掘平面图。

罗马城帕拉丁山丘上的宫殿群，始建于公元前 1 世纪。

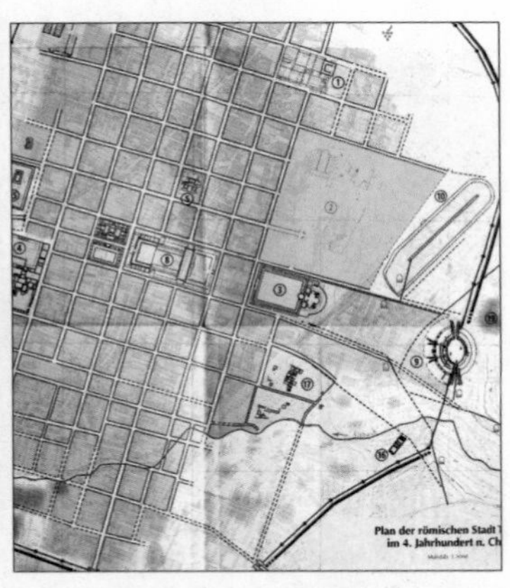

标示黄色的区域即为特里尔城内东北处的宫殿建筑区。

位于意大利罗马的马克先提乌斯长方形会堂，建于4世纪。

长方形会堂的外观。

实力，亦需要借由一座符合自己身份的建筑凸显其崇高地位，否则在众人眼中，君士坦丁只能算是一位徒有力量的地方官或军事将领，而非一位皇帝。我们可以想象，当君士坦丁坐在此会堂尾端之环形殿（apse）里的宝座上，阳光透过高窗洒进，他的形象将会是一位令人敬畏的皇帝。唯有如此，特里尔才像是一座帝国北方的都城，而这样的形象更是君士坦丁欲达成霸业的后盾。

竞技场

特里尔城内至今仍保存着一座建于2世纪的竞技场，位于城市正东方的山丘，供特里尔市民娱乐之用。虽然比起著名的罗马竞技场（Colosseum），特里尔的竞技场规模较小，座位也少，但它和罗马竞技场

竞技场的复原模型。摄自莱茵地区博物馆。

标示黄色的区域即为特里尔城正东处的竞技场。

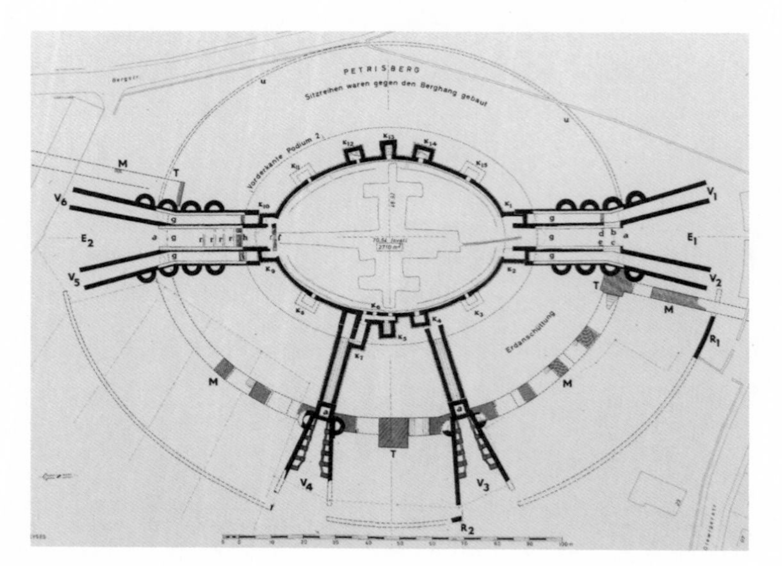

竞技场的考古挖掘平面图。

罗马的竞技场，建于1世纪。

一样，同样上演过许多残忍、血腥的剧情与画面。众所周知，许多罗马皇帝曾把基督徒送进竞技场，让野兽活活咬死，君士坦丁却是一位对基督教采取宽容政策的皇帝，他未曾将基督徒送进竞技场。但这并不代表君士坦丁未曾将任何人送进竞技场。公元306年，当君士坦丁刚到特里尔继承其父的政军势力时，北方的日耳曼人法兰克族（Franks）跨过北界莱茵河，入侵罗马帝国的领土，骁勇善战的君士坦丁马上率兵迎战。顺利击退这些日耳曼人，还俘虏了两位运气不佳的法兰克人首领。为了惩罚这两位带头者，君士坦丁将他们送进特里尔的竞技场，作为他凯旋庆祝仪式的一部分。当这两位法兰克人首领被饥饿的野兽吞食时，满场响起尖叫与欢呼声，刚刚即位的君士坦丁，成功地向边境上蠢蠢欲动的日耳曼部族提出了严厉警告，同时也向内部臣民建立了威信。

休闲与社交场合的浴场

作为市民休闲与社交的场合，特里尔城内所设的三座大浴场（thermen）亦相当重要。其中最早的一座为“芭芭拉浴场”，建于2世纪，位于城市的西边。第二座为“牲口市场浴场”，建于2～4世纪，因为被发现的遗址正好位于中世纪城内牲口市场的所在地，由此得名。最晚兴建的“恺撒浴场”，建于4世纪，位于城市

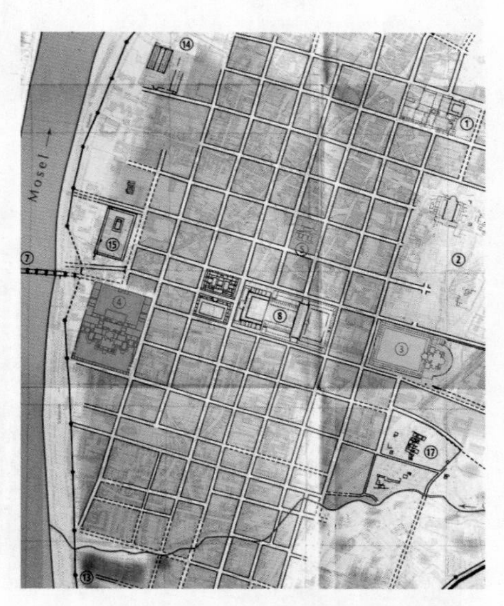

特里尔的三座浴场，标示绿色的为“芭芭拉浴场”，建于2世纪，标示蓝色的为“牲口市场浴场”，标示黄色的为“恺撒浴场”。

芭芭拉浴场的考古遗址。

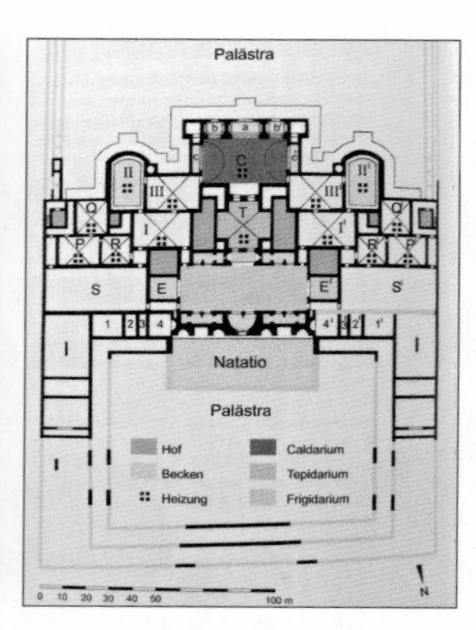

芭芭拉浴场的考古挖掘平面图。

牲口市场浴场的考古遗址。

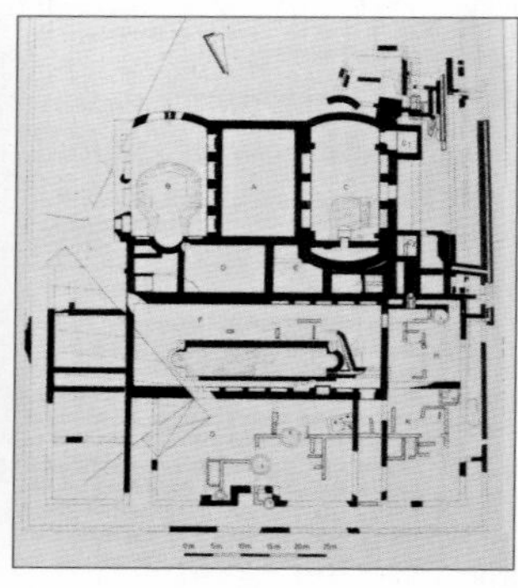

牲口市场浴场的考古挖掘平面图。

恺撒浴场的复原模型。摄自莱茵地区博物馆。

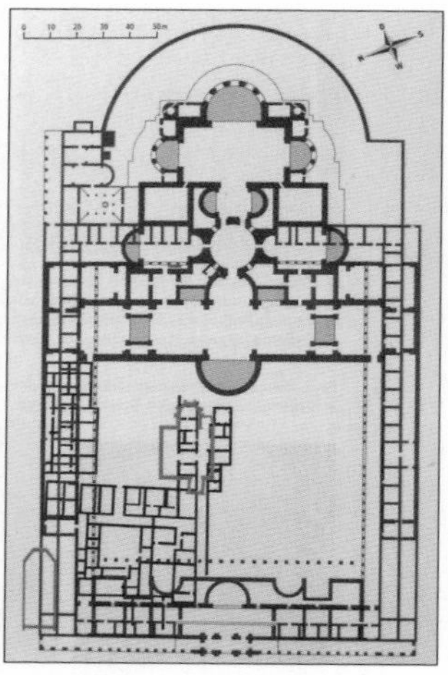

恺撒浴场的考古挖掘平面图。

罗马的卡拉卡拉大浴场（Terme di Caracalla），建于 3 世纪。

中心广场区域与东边竞技场之间。

恺撒浴场始建于君士坦提乌斯时代，于君士坦丁时代继续兴建，为当时罗马帝国境内的第五大浴场，从浴场所在位置即可看出它的重要性。当人们由莫塞河西岸的城门进入特里尔跨过桥梁后，会先见到桥头雄伟的芭芭拉浴场，然后在穿越市内的东西大道时会见到大道旁的中心广场区、恺撒浴场以及东方山丘上的竞技场。由于恺撒浴场的存在，大道两旁的建筑连成一气，而非独立的个体，更烘托出城市的东西中央轴线之磅礴气势（Merten，2005：81）。

恺撒浴场的遗迹。

特里尔城外附近的“伊格柱”，为3世纪时某特里尔家庭的坟墓墓碑，现已被联合国教科文组织指定为世界文化遗产。此为莱茵地区博物馆中的复制品。

这些浴场皆开放给一般的特里尔市民，男女共浴。他们使用浴场时遵循的是罗马人的传统程序。人们会先在浴场附设的运动场进行跑步、体操、打球、摔跤或举重等运动；等到全身流汗后，再依序进入冷水池、温水池与烟雾弥漫的热水池浸泡（Kann，2007：40）。在特里尔市民享受这些浴场设施时，他们会更珍惜自己罗马公民的身份；仅仅隔着一条莱茵河，住在北边的日耳曼人必须过着洗冷水澡的日子，住在南边的特里尔高卢人可拥有和罗马人同样等级的热水浴场。

罗马化的特里尔高卢人

借由特里尔其他罗马时代的遗迹，如墓碑与马赛克铺面等，还可深入观察特里尔人的生活形态。如 3 世纪的“伊格柱”（Igel Column），是某

具有“运酒船”形式的墓碑雕刻，3 世纪，摄自莱茵地区博物馆。

此地板马赛克上的人像穿着典型的罗马式长袍，3世纪。摄自莱茵地区博物馆。

中产阶级家庭的坟墓墓碑，上面雕刻着家庭成员以及他们的生前事迹。另一个有着“运酒船”形式的墓碑雕刻，代表了坟墓主人的生前职业——“葡萄酒贸易商”。从某些马赛克铺面上的人像，亦可见到当地居民已经习惯穿着一种叫做“托加”（toga）的罗马式长袍（Schwinden，1994：19-25）。

从这些墓碑雕刻与马赛克铺面，可以清楚看到“罗马化”对于特里尔高卢人的影响。在罗马化之前，他们过着以农牧业为主的部落生活，在罗马化后，他们开始过起都市生活，从事各式各样的行业，有传统的农牧业，也有随着城市而起的工商业。这些墓碑雕刻与马赛克所呈现的主题，说明特里尔高卢人已逐渐拥有和罗马人相仿的生活态度以及价值观。

基督教时代后的特里尔

和之前的许多罗马皇帝不同，君士坦丁对待基督教采取较为宽容的态度。公元313年，他颁布了“米兰饬令”（Edict of Milan），宣称政府不再迫害基督徒，归还教会先前被没收的财产。晚年时，他甚至成为一位基督徒，君士坦丁与其母亲被后来的东正教封为圣人。对于君士坦丁的这种表现，流传着各种说法；有些人认为，这是其已成为基督徒的母亲海伦娜所带来的影响；有些人则认为，这是因为君士坦丁曾在梦中看见

标示黄色的区域即为特里尔的“主教座堂”和“圣母院”所在位置。

上帝给他的异象。然而，后来大部分的学者认为，君士坦丁善待基督徒乃是他高超的政治手段，因为借由拉拢基督徒，可以开拓他自己的权力基础。

无论君士坦丁为何善待基督徒，这样的态度确实给罗马帝国的城市空间带来巨大的变化。在君士坦丁之前，大部分的基督徒顶多在家里秘密聚会，只有某些对基督徒迫害较不严重的地方，才可能有一些小型的私人教堂。当君士坦丁掌权后，开始以官方的名义资助兴建教堂，如当时耶路撒冷的“圣墓教堂”（Church of the Holy Sepulchre）与罗马的“老圣彼得教堂”（Old Saint Peter’s Basilica）；在他长期居住的特里尔，也有两座由他资助兴建的重要教堂——“主教座堂”（Dom）与“圣母院”（Liebfrauen）。由于当时罗马传统宗教的势力仍然存在，这两座新建的教

主教座堂和圣母院这两座教堂模型。

主教座堂和圣母院这两座教堂相互比邻，其正面皆朝西，始建于 4 世纪初，它们都已被联合国教科文组织指定为世界文化遗产。

现今圣母院的正面，朝向西方。

主教座堂的背面曾经过历代的增、改建。

现今主教座堂的正面，朝向西方。

堂无法直接取代城内任何既存的神庙，故将其建于城市的北边，位置上稍微远离城中心。

这两座教堂相互比邻，空间形式与配置继承罗马建筑的传统。其一，它们的空间形式乃发展自罗马建筑中的长方形会堂；其二，它们有着坐东朝西的配置，亦是延续自罗马神庙的传统（注 2）。君士坦丁过世后，特里尔的主教座堂仍继续扩建，扩建后的空间甚至可以同时容纳 12000 人，堪称当时最大的教堂之一。而经过历代的破坏、修复、改建与增建，现今的外观已和原初大大不同，目前的空间体量仅为 4 世纪时的二分之一左右。

特里尔的衰退

君士坦丁在公元 330 年将国都迁往拜占庭，改名为君士坦丁堡

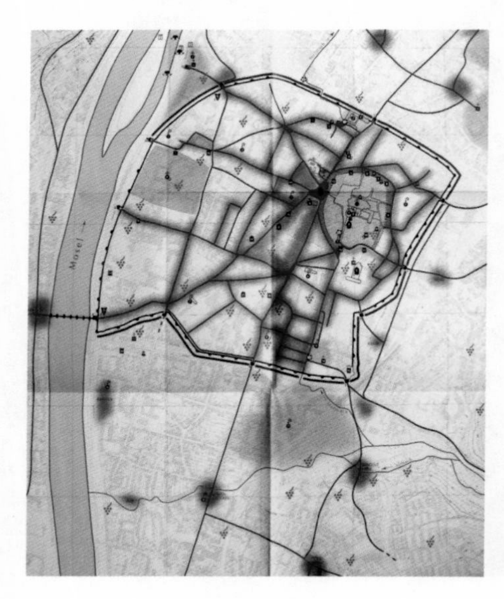

13 与 14 世纪时的特里尔城平面图。

公元 1844 年，特里尔的长方形会堂变成基督教新教的教堂。

（Constantinopolis，意指君士坦丁的城市），特里尔城的重要性开始下降。公元 337 年，当君士坦丁过世后，他的三个儿子为了争夺帝国皇位而爆发内战，随后罗马帝国因此再度分裂成两半——东罗马帝国与西罗马帝国。特里尔所属的西罗马帝国，在往后一百多年间，不断面临内忧外患。公元 476 年，西罗马帝国正式灭亡。后来日耳曼人成功地赶走罗马政权，占据了特里尔，摧毁了先前的大部分建设。到了 13、14 世纪，特里尔的城市规模已经缩小到原先的二分之一。

君士坦丁在特里尔所留下的基督教遗产，继续影响着这里，甚至让特里尔借此维持它的地位。特里尔一直是“大主教”（Archbishop）所在的城市。中世纪时，特里尔大主教乃是神圣罗马帝国（Holy Roman Empire）封建体系下的七位“选帝侯”（Prince-Electors）之一，拥有被选为神圣罗马帝国皇帝的资格，因此特里尔仍保有它的高度重要性。

另一方面，基督教的权力体系取代了先前帝国的权力体系，继续发挥

长方形会堂的内部，现作为教堂使用。

对特里尔城市空间与建筑的影响力。以罗马时代的尼哥拉门（北门）为例，在 11 世纪时，人们将它改建成一座教堂，直到拿破仑于 1804 年莅临特里尔，才下令将它恢复成罗马时代的城门样貌。原来作为法庭并供皇帝接见宾客的长方形会堂，则在 12 世纪末，被特里尔大主教买下，改建成私人寝宫，到了 1844 年，此建筑又变成一座基督教新教的教堂（Vogel，2001：13）。

特里尔与政治实相

如果把特里尔与罗马帝国的扩张史相互比对，可以清楚发现，特里尔的城市空间与建筑皆丰富地再现了政治实相。无论是中心广场区域、神庙群、宫殿、长方形会堂、竞技场或是浴场，无论它们是用作政府机关、宗教仪式、统治者居所、法庭，还是用于皇帝接见宾客、市民娱乐或是休闲社交，都是为了巩固罗马帝国统治基础而存在的空间与建筑。

与其说特里尔是一个罗马城在北方的复制品，倒不如说这是罗马人在北方重新打造的理想罗马城。由众多元老与政客治理的罗马城，经过数百年的发展，在公元前 1 世纪已变成一个拥挤的大城市，发展过程并未经过整体性的规划。相反地，罗马帝国在北方边界的殖民城市（或军事营地），往往是基于迫切的军事与政治目的，由精明的军事将领在短时间内整体规划开发而成。虽然罗马与特里尔拥有几近相同的都市元素，相较之下特里尔的都市规划明显呈现出更高的系统性与秩序性。

当罗马人来到特里尔，就像浪涛拍打在岸上，当罗马人离开特里尔，就像浪涛退去，只是这退去的浪涛并未把浪花全部带走。罗马人在特里

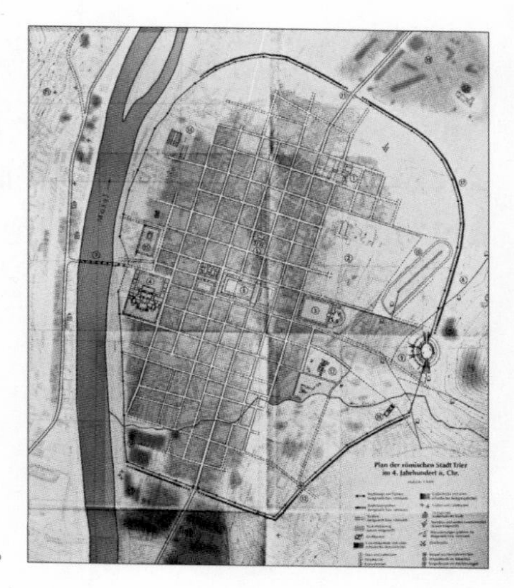

4 世纪的特里尔城市平面图。

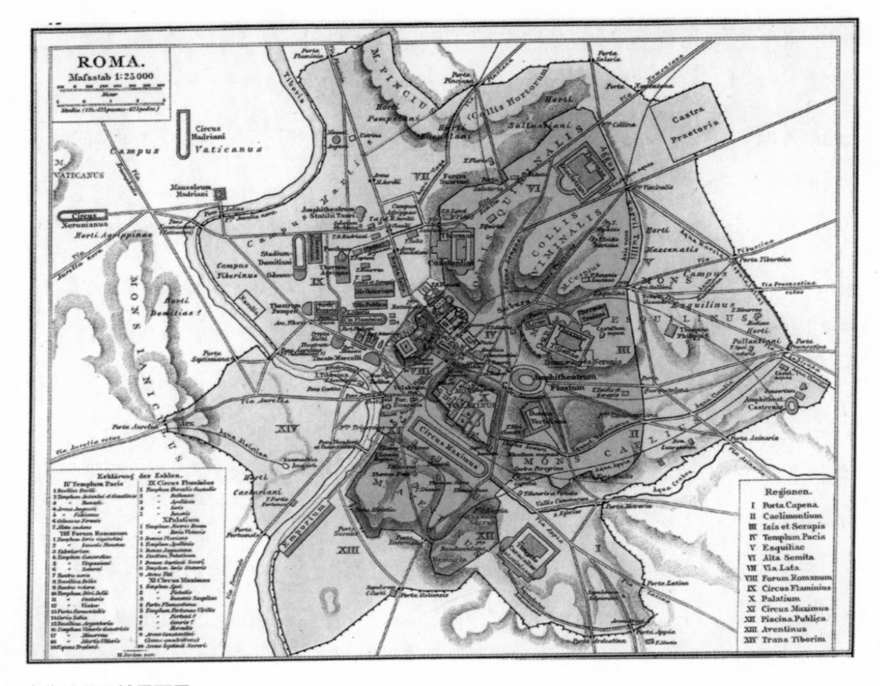

古代的罗马城平面图。

尔城所留下的遗产，无论是有形或是无形的，都在往后的时代中继续发挥相当的影响力。特里尔大主教取代了君士坦丁，住进了象征最高权威的长方形会堂，新的权力结构取代了旧有的权力结构，填充在罗马人所遗留的城市空间与建筑中，继续赋予它们新的意义。

注 释

- 1．关于城市中心与神圣性之间的关联性，可参见本书第八章中的讨论。
- 2．关于基督教教堂主入口朝西的宗教意义，可参见本书第八章中的讨论。

参考书目

- Gunterman, Billy. *Historische Atlas van Nijmegen*. Amsterdam: Uitgeverij Sun. (2003).
- Kann, Hans-Joachim. *Discovering Constantine and Helena*. Trier: Michael Weyand. (2007).
- Merten, Jürgen. *Rettet das Archäologische Erbe in Trier*. Trier: Rheinisches Landesmuseum Trier. (2005).
- Reusch, W.. Aula Palatina: The Roman Palace of Emperor Constantine the Great. In: Margaret Jackson (ed), *Constantine's Palace, Trier*. Trier: The Presbyterium of the Protestant of Trier. pp. 2-13. (2001).
- Schwinden, Lothar. *Rheinisches Landesmuseum Trier: Introduction to the Collections*. Trier: Rheinisches Landesmuseum Trier. (1994).
- Vitruvius. *The Ten Books on Architecture*. Trans. Morris Hickymorgan. New York: Dover Publications.
- Vogel, Baurat H. O.. Constantine's Aula Palatina as the Protestant Church of Our Saviour. In: Margaret Jackson (ed), *Constantine's Palace, Trier*. Trier: The Presbyterium of the Protestant of Trier. pp. 13-19. (2001).

IV

建筑与宇宙实相

在各种再现的实相中，“宇宙实相”（Cosmic Reality）是极为重要的一种，其意味着人们如何以自身为基础，进一步认知其所经验的大地、星辰与穹苍，以及人类如何“心灵建构”（to mentally construct）这个世界和宇宙。无论是家屋、宗教建筑、聚落或是城市，人们都会通过中心、圣域、方位与边界等概念加以理解与描述。通过这些概念，“人”、“建筑”与“宇宙”系统性地成为一体；通过特定的仪式行为以及传统建筑理论中的原则与禁忌，人们确保无形的宇宙秩序得以在有形的建筑与空间中展现稳定的力量。

本书第七章为《相同的实相，不同的再现——汉人仪式空间中的“左尊右卑”与印度仪式空间中的“顺时针绕行”》，试图讨论这两种仪式空间与仪式行为的共同意义。虽然汉人的“左尊右卑”与印度的“顺时针绕行”看似是不同的再现方式，从它们所共同强调的中心、四向与边界等概念分析，可以发现它们竟然再现了相同的宇宙实相。

本书第八章为《由神庙变教堂——欧洲城市中心的神圣性延续》，以欧洲城市中心的神圣性建筑与空间为讨论对象。前罗马帝国时代即存在的小聚落，其中心为部族的神庙或祭祀场所等神圣空间；到了罗马帝国时代，聚落变成城市后，神圣空间的地点往往会是罗马神庙；进入基督教时代后，罗马神庙的地点成为了教堂。虽然神圣空间的类型会改变，但地点与神圣性却通常不会改变，因为这些地点代表了人类生存空间的中心，代表了人们欲将宇宙秩序投射在地面的空间参考点。

七　相同的实相，不同的再现——汉人仪式空间中的“左尊右卑”与印度仪式空间中的“顺时针绕行”

在汉文化传统里，随处可见“左尊右卑”观念所规范的仪式空间与仪式行为。在印度文化传统里，可观察到以“顺时针绕行”观念所规范的仪式空间与仪式行为。在“左尊右卑”与“顺时针绕行”两种观念下，仪式空间与仪式行为彼此紧密结合呈现出特殊意义。虽然在不同的文化脉络下，人们赋予这两种观念不同的意义，但若站在寰宇的高度，以跨宗教、跨文化的观点进行检视，不难发现，它们似乎再现了可相互比拟的实相。

“左尊右卑”规范出的汉人仪式空间与行为

汉人的仪式空间依据由内朝外的轴线，明确地区分出“左与右”两个方向。如位于仪式空间正中央的神像若朝向大门，其左手侧即为仪式空间的左边，右手侧则为仪式空间的右边。在明确定义出左侧与右侧之后，人们即遵循“左尊右卑”的观念，依序安置各种等级的神祇。

新加坡的天福宫（天后宫）是一个很好的例子。在庙方的告示牌上，可以清楚看到各种等级的神祇依照“左尊右卑”的观念依序安置在所有的仪式空间中。天福宫的主神为妈祖，安置在前殿（主殿）中央的位置，其左侧与右侧则分别是关圣帝君与保生大帝（分别在解说图面上以编号一

新加坡天福宫前殿（正殿）的外观。

天福宫的主神妈祖，供奉在前殿的中央位置。

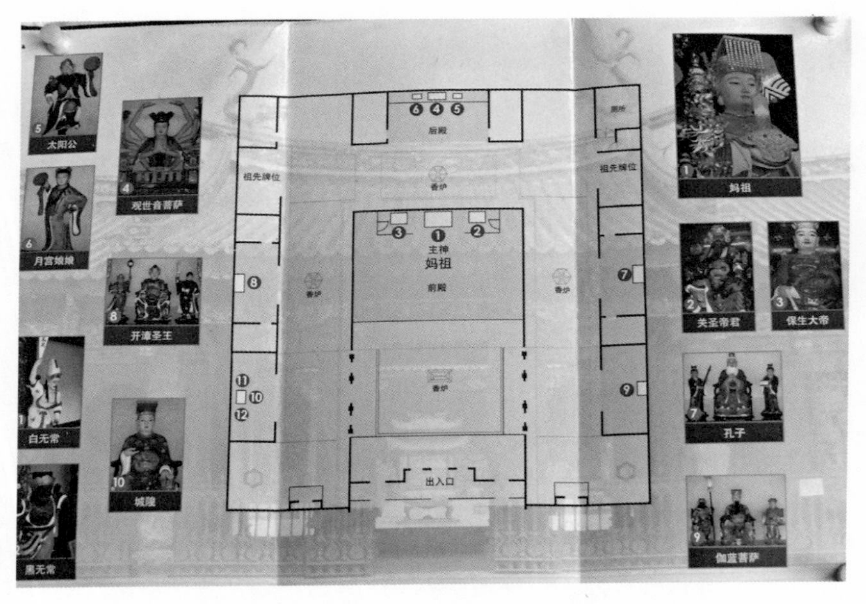

天福宫告示牌上说明着各神祇的位置与朝拜神祇的次序。

天福宫里供奉的白无常。

天福宫里供奉的黑无常。

一群学生由左侧门依序进入天福宫。

一名妇人由右侧的门离开天福宫，小心地避免踩到门槛。

到编号三列出)。后殿作为次一等级的空间，其中央、左侧与右侧的位置，则分别安奉着观世音菩萨、太阳公与月宫娘娘(编号四到编号六)。庙宇的左殿与右殿则是更次一等的空间，依照“左尊右卑”与“近尊远卑”(离主神妈祖愈近者等级愈高，反之则愈低)的原则，将其余的神祇依序排列。而两位等级最低的神祇——白无常与黑无常，则坐落于妈祖右前方最遥远的位置。

除了规范神祇于仪式空间中的位置，“左尊右卑”亦规范着仪式行为的次序。当人们进出天福宫时，必须由左侧的门进入，在进入仪式空间后，需按照前述次序，先后逐一朝拜各神祇。当全部的仪式行为结束后，再由右侧的门离开。这种“左尊右卑”观念所规范出来的朝拜次序与进出方式，对虔诚的信众来说是严格且不可更动的。

我们还可以在汉人各种类型、各种尺度的仪式空间中，普遍观察到“左尊右卑”的观念，如佛教寺院、道教宫庙、儒教祀典空间，或是大型的庙宇、地方的神坛、家庭的神明厅。

台湾嘉义溪口乡蔡宅三合院的神明厅供桌。

“顺时针绕行”规范出的印度仪式空间与行为

在印度的各种宗教空间中，无论是佛教、印度教、锡克教或是耆那教，都可以观察到“顺时针绕行”所规范的仪式空间与行为。在印度的宗教仪式空间里会有一个绕行的对象，可以是佛塔（stupa）、庙宇中的至圣室（garbha griha）、个别的神龛、某根柱子或树，也可以是整个城市区域。依照绕行对象的不同，规范出特定的绕行通道与路径，以及依照顺时针方向绕行时所伴随的特定仪式（如膜拜或祈祷）。行进时，人体的右侧得以持续朝向这个绕行对象，因此顺时针绕行在梵文里称作

"pradakshina"，其中字根"dakshina"意指"右侧"，整个字的意思就是"以右侧朝向"（to the right）。这呼应了印度传统中，右边代表"尊贵与洁净"的一方之观念。

从印度中北部的桑奇佛塔（Sanchi Stupas，建于公元前3世纪）与印度中部的阿旃陀佛教石窟群（Ajanta Caves，建于公元前2世纪至公元7世纪之间），都可见到供人们顺时针绕行的佛塔与行进空间。在印度西北部艾哈迈达巴德的Hathee Singh耆那教神庙里，亦可见到人们以顺时针方向进行绕行仪式。在德里的Shri Lakshmi Narain印度教神庙里，除了顺时针绕行至圣室之外，也顺时针绕行庙宇庭院中的一根柱子，这根柱子上方有许多象征各个方位与星体的神祇。在印度的圣城瓦拉纳西，每年都有成千上万的人到此朝圣，朝圣的仪式之一，就是顺时针绕行整个城市。19世纪的人们，更将顺时针绕行观念的空间想象，以城市地图的方式呈现出来（Michaels，2006：131-141）。

顺时针绕行的传统，甚至影响了印度周边地区的宗教，如西藏的苯教与斯里兰卡的佛教。在斯里兰卡首都科伦坡附近的开拉尼亚（Kelaniya）

印度中北部桑奇（Sanchi）的佛塔，建于公元前3世纪。

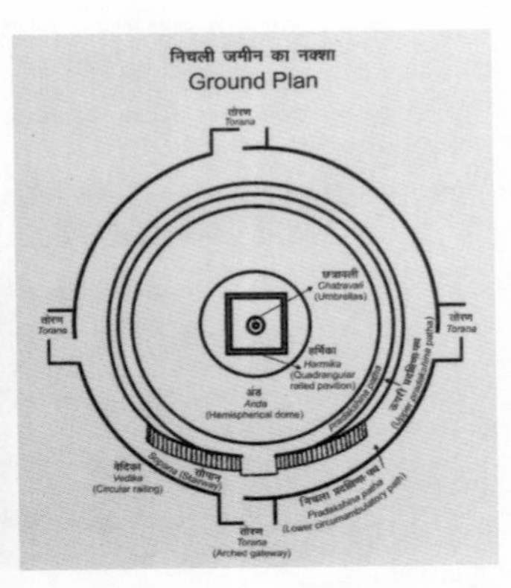

桑奇佛塔的平面图，佛塔四周是供顺时针绕行仪式的行进通道。

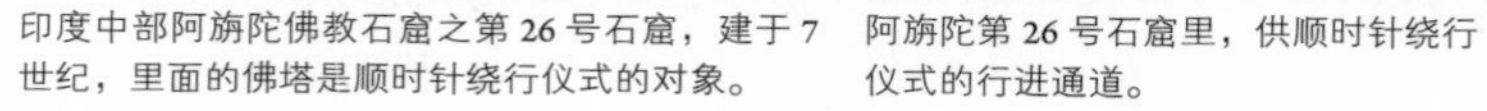

印度中部阿旃陀佛教石窟之第 26 号石窟，建于 7 世纪，里面的佛塔是顺时针绕行仪式的对象。

阿旃陀第 26 号石窟里，供顺时针绕行仪式的行进通道。

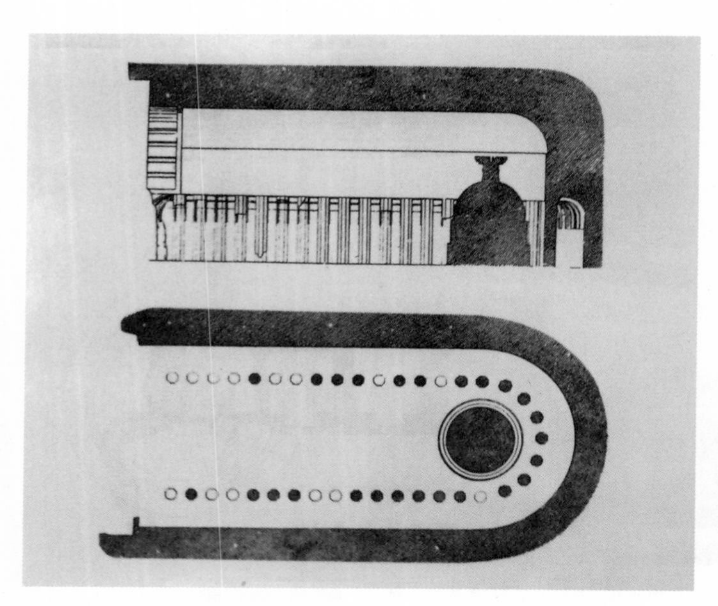

阿旃陀第 26 号石窟的剖面图与平面图。

佛寺里，信众会拿着装满鲜花的水盆，一边祈祷，一边顺时针方向绕行寺院中的古老菩提树。绕行了十数圈之后，才排队将鲜花献给菩提树下的佛陀。信众亦会拿着小火烛，顺时针绕行寺院的另一座佛塔；佛塔基座的四个方位各有一尊佛像，每当信众走到佛像前，必会停留以进行膜拜，然后再继续顺时针绕行仪式。

仪式空间中的中心、四向与边界

无论是左尊右卑，还是顺时针绕行，两者都强调了三种特征：中心、四向与边界。

就汉人的仪式空间而言，当人们进行仪式行为时，唯一能超越左尊右卑观念的就是仪式空间里的“中心”。在这些仪式空间的中心，如正殿

在 Hathee Singh 耆那教神庙内，进行顺时针绕行仪式的人。

印度西北部艾哈迈达巴德的 Hathee Singh 耆那教神庙，
建于 19 世纪中叶。

于 Hathee Singh 神庙进行顺时针绕行仪式的人，
在北侧廊道的神龛前短暂停留并膜拜。

印度首都德里的 Shri Lakshmi Narain 印度教神庙，建于 1939 年。

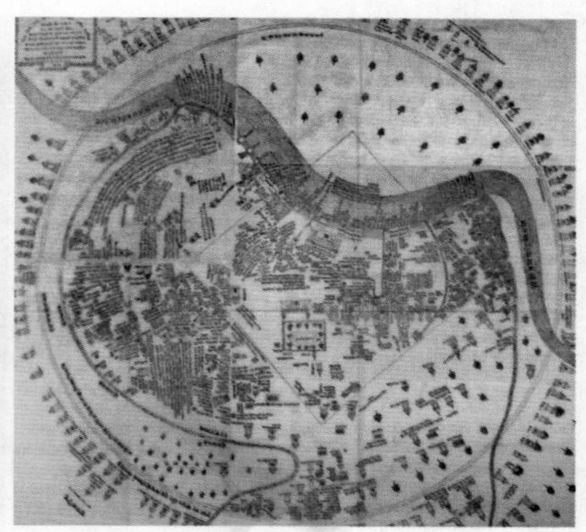

在 Shri Lakshmi Narain 神庙的后院，一名男子围绕着一根柱子进行顺时针绕行仪式。

一幅瓦拉纳西的地图，绘制于 19 世纪。

该柱子上方有着许多象征各个方位与星体的神祇。

斯里兰卡首都科伦坡附近的开拉尼亚佛寺，重建于 17 世纪。

的中央位置或祭坛的中央位置，一定供奉着最高等级的汉人神祇。印度的顺时针绕行的仪式更是明确标示出中心的位置，并在此供奉最重要的印度神祇。人们会借着各种建筑量体或建筑元素的表现，不断强调此中心的崇高性，如汉人庙宇正殿屋脊上的宝塔与正殿屋顶下方的中梁八卦，以及印度庙宇中高耸的至圣所或佛寺院落中宏伟的佛塔。

以此中心为基准，人们可以进一步见到仪式空间中所强调的“四向”。就汉人的仪式空间而言，当人们进行“左尊右卑”的相关仪式时，暗示着人们已意识到空间的“左右前后”四个方位。就印度的仪式空间而言，当

开拉尼亚佛寺院落，一名妇女向菩提树进行顺时针绕行仪式，她手中捧着装满鲜花的水盆。

在开拉尼亚佛寺院落中，结束顺时针绕行仪式的人们，排队向树下的佛像献花。

开拉尼亚佛寺院落中的佛塔。

顺时针绕行佛塔的老人，走至佛塔西侧的神龛时，向神龛内的佛像膜拜。

台湾地区台北龙山寺正殿的屋脊上有
高耸的宝塔装饰。

台湾地区许多庙宇正殿屋顶的下方，
都有中梁八卦图案。

印度中部埃洛拉（Ellora）的 Kailasanatha 印度教神庙，建于 9 世纪，
以高耸的体量强调位于内部、象征中心的至圣室。

人们顺时针绕行时，会在东西南北四个点短暂停留，以对个别的神佛进行膜拜，这也暗示着人们明确意识到四个方位的存在。通过各种建筑量体与建筑元素的表现，仪式空间中的四个方位得到强化。如汉人庙宇或祠堂中的四象符号与左钟右鼓，以及印度庙宇屋顶上的雕刻，或是安置在佛塔与菩提树四个方位的佛像。

除了中心与四向，汉人与印度仪式空间中的“边界”亦是重要的共同特征。当人们跨入边界进入了仪式空间，就得依循左尊右卑或顺时针绕行所规范的仪式；在人们跨出边界离开仪式空间之后，便表明仪式行为已经完成。这意味着，边界的存在标定了仪式行为的起始与结束。无论是在汉人或是印度仪式空间中，人们都借着各种方式强调边界的存在，以区分仪式空间的内与外。而且非常巧合，二者都有相同的门槛禁忌。汉人仪式空间的入口通常有极高的木制门槛，当人们通过入口时，往往得直接跨越而禁止踩上门槛；在印度的仪式空间入口，通常也有极宽的石制门槛，人们同样不允许踩在上面，只能直接跨越。通过这样的门槛禁忌以及其他建筑手段，当人们进出仪式空间时，可以明确地意识到内与外、圣与俗之间的差别。

“左尊右卑”与“顺时针绕行”再现的宇宙实相

宗教史学家米尔恰·伊利亚德（Mircea Eliade）在其著作《圣与俗》（*The Sacred and the Profane*）里，以“世界轴”（Axis Mundi）的观念，探讨世界上各种神圣空间中所观察到的“中心”。任何的仪式空间都有一个中心，而且人们会借由各种方式强化这个中心。中心通常以高耸的建筑量体、柱子或是自然界中的高山、树木来表现，象征着“天地”与“神人”的交会之处。在各文化的传统宇宙观中，皆有一个永恒不变、诸天体所

中国福建南靖县塔下村德远堂（张氏祠堂）中，位于厅堂左侧的钟。

德远堂中位于厅堂右侧的鼓。

环绕的中心，而仪式空间中的世界轴，则明确再现了这个中心（Eliade，1959：36-46）。如在印度文化中，圣城瓦拉纳西既是世界的中心，也是宇宙的中心，当世界陷落在永无止境的毁坏与诞生之循环中时，唯有瓦拉纳西是不会改变的。这也是众多朝圣者到此的重要原因之一，人们希望通过到此朝圣或火化来超越轮回的宿命（Parry，2004：82-87）。在汉人与印度的仪式空间里，除了建筑，人们更借由“左尊右卑”与“顺时针绕行”的相关仪式行为，强化了“中心／世界轴”的存在，并以此作为空间秩序的基点。

中心确立了之后，便可进一步标定出四个方位，赋予它们不同的意义，使得整体空间秩序得以逐渐展开（Dripps，1997：50-51）。在各个文化传统中，人们往往借由对天体运行的观察，特别是基于太阳运行的秩序，赋予四个方位不同的意义。几乎全世界的文化传统都认为东边较西边尊贵，因为东边象征着开始、诞生与光明，西边象征着结束、死亡与黑暗。几乎在所有的仪式空间类型中，甚至是所有传统的人为环境中，都共同有着中心与四向这两种特征。荷兰建筑史家麦金（Aart J. J. Mekking）

龙山寺庙前广场地坪上的雕刻，以四象中的朱雀，象征南方与前方。

更将此归纳为“世界轴与宇宙十字”（Axis Mundi & Cosmic Cross）之建筑传统（Mekking，2004：12-13）。

“东尊西卑”的观念，显然是汉人“左尊右卑”观念的来源。汉文化中“坐北朝南”这种理想的建筑配置，暗示着“左右前后”与“东西南北”两种空间认识系统的相互结合。汉代的董仲舒在《春秋繁露》中，借由五行的空间关系，明示出东为左、西为右、南为前与北为后（苏舆，1992：321-322）。中国古代天文学与占星术中的“四象”，更是此“东西南北”系统转变成“左右前后”系统的案例，因此原始的“东青龙”与“西白虎”成为如今大家所熟悉的“左青龙”与“右白虎”。若直接进入仪式空间中观察，会发现放在正殿左侧的钟与右侧的鼓，可与中国成语“晨钟暮鼓”相互参照：钟在左侧，亦代表位于东边（晨），而鼓在右侧，则代表位于西边（暮）。

基于对太阳运行的观察，进而赋予空间四向意义的传统，也可以在印度仪式空间中明显观察到。顺时针绕行仪式在梵文里称为“以右侧朝向”，但这种仪式的行进模式，直接再现了太阳运行的轨迹。简言之，顺时针绕行的方向就是太阳运行的方向。至于传统的印度庙宇或佛寺皆呈东西向配置，无论是坐东朝西或是坐西朝东，都表现出人们欲将庙宇的至圣室或是入口指向日出方向——东方——的渴望。在印度传统建筑理论“瓦思度”（Vaastu Shastra）的所有经典里，都不断强调东方的神圣性与尊贵性。因此，建筑的入口、祭坛及其他重要空间，或是城市重要的区位，都必须设置在东；反之，视为低贱或污秽的空间则须设置在西。（Bhattacharyya，1963：29-86）

借由左尊右卑与顺时针绕行所规范出的仪式空间与仪式行为，可以见到“人体观照”（anthropomorphic）与“自然观照”（physiomorphic）两

埃洛拉 Kailasanatha 神庙屋顶上，以屋顶盖形的石刻象征东西南北四个方位，并以四只狮子朝向东北、东南、西北与西南四个方位。

埃洛拉 Kailasanatha 神庙某间圣室入口的门槛。

者的相互呼应。通过汉人左尊右卑观念的实践，“左右前后”（人体观照）与“东西南北”（自然观照）两者紧密结合。通过印度顺时针绕行观念的实践，“以右侧朝向”（人体观照）与“太阳运行轨迹”（自然观照）两者亦紧密结合在一起。当仪式进行时，即象征了太阳由东升起、由西落下的运行秩序。因此，每种仪式空间与仪式行为结合，皆可视为是宇宙的再现：每个仪式空间都是一个小宇宙（microcosm），里面有着中心／世界轴，有着四向的象征。

仪式空间的边界，再现了宇宙穹苍的边界（上空有着天罩，远方有着地平线）。借由这个边界，定义出内与外，保护边界内部的秩序，区隔出边界外部的无秩序。当人们穿越边界进入仪式空间，如同日升所揭开的白昼；当人们穿越边界离开仪式空间时，则如同日落之后的黑夜。唯有在边界的保障之下，才得以进行左尊右卑或顺时针绕行的仪式行为。

借由边界，人们得以意识到仪式空间内与外的差别，跨越边界的那一瞬间，意味着神圣空间与时间的开始与结束。

汉人仪式空间的左尊右卑与印度仪式空间的顺时针绕行，虽同时巧妙地凸显出中心、四向与边界的特征，再现了相同的宇宙实相，但这并非巧合，亦非特例。在全世界的传统仪式空间中，都可以发现相同的中心、四向与边界等特征，所进行的仪式，亦可和左尊右卑或顺时针绕行相互比较，甚至再现了相同的宇宙实相。虽然世界有各异其趣的社会、文化与宗教，有各式各样的营建传统，但身处这些社会文化中的人们，都住在同一个大地上，仰望同样的穹苍、星空与太阳。

参考书目

- 苏舆：《春秋繁露义证》。北京：中华书局，1992。
- Bhattacharyya, Tarapada. *The Canons of Indian Art or A study on Vastuvidya*. Calcutta : Mukhopadhyay. (1963).
- Dripps, R. D.. *The First House: Myth, Paradigm, and the Task of Architecture*. Cambridge: The MIT Press. (1997).
- Eliade, Mircea. *The Sacred and the Profane: The Nature of Religion*. New York: Harcourt. (1959).
- Mekking, Aart J. J.. *Architecture as a Representation of Reality*. Leiden. (2004).
- Michaels, Axel. Mapping the Religious and Religious Maps: Aspects of Transcendence and Translocality in Two Maps of Varanasi. In: M. Gaenszle & J. Gengnagel (ed.), *Visualizing Space in Banaras: Images, Maps, and the Practice of Representation*. Wiesbaden: Harrassowitz Verlag, pp. 131-143. (2006).
- Parry, Jonathan P.. Death and Cosmogony in Kashi. In: T. Madan (ed.), *Indian's Religions*. New Delhi: Oxford University Press, pp. 79-102. (2004).

八　由神庙变教堂——欧洲城市中心的神圣性延续

若仔细观察，可以发现，世界上几乎所有的传统人为空间或多或少都拥有三个特征——“中心”、“四向”与“边界”。无论是住家或是城市，它们都可被视为是广义的仪式空间，且都再现了丰富的宇宙实相。在传统的观念里，宇宙、城市与住家往往呼应了相同的秩序体系。在这套体系中，城市既像是缩小的宇宙，也像是放大的住家（Crowe，1995：206-

从罗马广场今日残存的遗迹中，仍可想象古代各种神庙与公共建筑的雄伟景象。

210）；唯有通过城市的空间层级，自宇宙至住家之间的秩序才得以连贯。

在宇宙自住家的连贯秩序体系中，城市中心扮演着关键的角色，因其代表着人为环境里最大尺度的“世界轴”，上承超越界的宇宙，下接世俗的人类居住空间（Eliade，1959：36-46）。几乎所有的传统城市，都有一个可具体观察到的中心，通常以宗教建筑或神圣空间作为代表。通过这个联系天与地的中心，城市的四向与边界得以确立，城市的空间得以秩序地展开，人们可获得居住空间所需的安全感与方位感（Dripps，1997：50-51）。

罗马帝国城市中心的神圣性

在罗马帝国的城市里，无论是首都罗马，或是帝国边陲的殖民城镇，都由广场及其周边之神庙、执政厅、法院和市场等共同构成城市中心。在这些建筑中，神庙不外乎是地位最崇高的构成元素，代表着超越界力量在世俗界的展现。紧邻神庙的执政厅与法院，代表继承此超越界力量的世俗统治权力。提供一般市民活动的广场或市场等，代表市民社会与超越界力量暨世俗统治权力的紧密结合。

因为神庙的存在，罗马帝国的城市中心拥有了高度的神圣性。若没有这些神庙，上自罗马皇帝，下至城市执政官，都无法获得合理的世俗统治权力。以著名的“罗马广场”（Forum Romanum）为例，其周遭坐落着供奉各样神祇的大型神庙，以及各式代表最高世俗统治权力的建筑，因此它不但被古罗马人视为首都的中心，更被视为罗马帝国甚至是世界的中心。在罗马帝国的诸城市中，城市中心、神庙与神圣性这三者往往是不可分割的。

在4世纪时，因罗马帝国的宗教变迁，这些曾赋予城市中心神圣性的神庙开始丧失其原有的重要角色。当君士坦丁大帝统治帝国时（公元306年至公元337年），基督教成为合法的宗教；到了狄奥多西大帝的统治时期，更在公元380年发布勒令，宣布基督教为罗马帝国唯一合法的宗教。借政治权力得以稳固地位的基督教，此时已无法容忍传统神庙的存在。短时间内，罗马神庙就丧失了超越界力量在世俗世界的代表权，甚至面临被拆毁的命运。

随着罗马帝国的宗教变迁，神庙消失，在这种情境下城市中心如何维持其既有的神圣性？神圣性是否已跟着神庙的拆毁在城市中心消逝？世俗统治权力是否自此与超越界力量划清界限？

法国阿尔勒城市中心之神圣性延续

首先要讨论的案例是今日位于法国南部的古城阿尔勒（Arles），它曾是罗马帝国在普罗旺斯省（Provence）的重要城市之一，拥有古罗马城市所拥有的典型城市中心。如公元2～3世纪的城市平面图所示，阿尔勒的

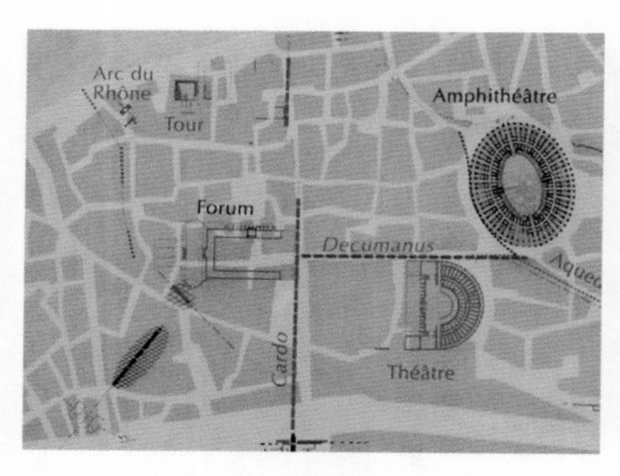

公元2～3世纪时的阿尔勒城市平面图，上方为北方。摄自阿尔勒的普罗旺斯古物博物馆（Musee de l'Arles et de la Provence Antique）。

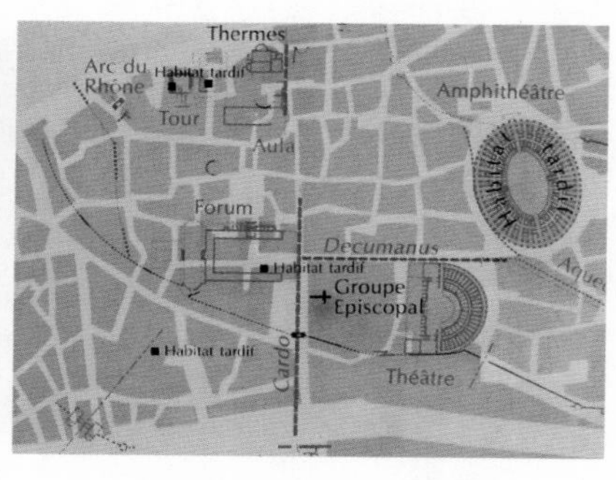

公元5～6世纪时的阿尔勒城市平面图，上方为北方。摄自阿尔勒的普罗旺斯古物博物馆。

广场北侧入口之山墙与柱廊的遗迹。

中心为一罗马式广场，广场的周围环绕着柱廊、神庙、执政厅和法院等公共建筑。城市中心的最重要元素自然是位于广场西端并建于高台上的神庙，而且其面朝东方——神圣的日出之地（注）。借着这座神庙，阿尔勒的城市中心获得了应有的神圣性。

公元 2 ～ 3 世纪时的阿尔勒城模型，上方为南方。摄自阿尔勒的普罗旺斯古物博物馆。

圣托菲姆教堂，建于 11 至 12 世纪，取代了建于原址的早期基督教教堂。

广场向东延伸出的道路名为“狄库玛努斯”（Decumanus），其原意是“太阳的轨迹”，衍生意义为“东西向”；另一条穿过此广场面前的南北向道路名为“卡尔多”（Cardo），其原意是“天体所围绕旋转的轴”，衍生意义为“南北向”（Dripps，1997：62）。它们分别代表着穿越城市中心点的“东西大道”与“南北大道”，这样的道路命名，在几乎所有的古罗马城市中，都可以发现。阿尔勒的城市中心点连同十字大道的城市空间模式，正可呼应荷兰建筑史家麦金所观察到的“世界轴与宇宙十字”之空间传统，体现了被人们投射于地面的宇宙秩序（Mekking，2004：12-13）。

阿尔勒的市政厅，建于17世纪。

随着罗马帝国进入基督教时代，阿尔勒的神庙势必从城市中心消失；然而，因新宗教空间的出现，此城市中心得以维持其既有的神圣性。如5～6世纪的阿尔勒城市平面图所示，在十字交叉路口的东南角出现了一座教堂，取代了昔日的神庙，继续扮演赋予城市中心神圣性的角色。这座名为圣托菲姆（Cathedrale Saint-Trophime）的早期基督教教堂，曾经历过不同时代的多次修建，于11至12世纪间修建成如今的样貌。

当阿尔勒的罗马神庙被拆毁后，面前的旧有广场随之废弃；当新的基督教堂建立后，新的广场亦在教堂面前随之成型。由现代的航拍图看，自罗马时代就有的十字路从未消失，新的广场则位于十字路口的西南角。如同罗马帝国时代的城市中心，代表世俗统治权力的新建筑仍与基督教堂共享此新形成的城市中心广场。如17世纪所兴建的市政厅，位置正好位于圣托菲姆教堂的右前方、教堂前广场的北侧。

自4世纪末起，基督教逐渐取代传统罗马宗教，教堂、教堂前广场与市政厅逐渐成为城市中心新的构成元素；如同前基督教时代的神庙、神庙前广场与执政厅，它们继续代表着超越界力量、世俗统治权力以及市民社会在城市中心的紧密结合。城市中心的元素虽剧烈改变，但“世界轴与宇宙十字”的空间传统却未动摇，中心与四向仍是城市空间的重要特征。

荷兰埃斯特城市中心之神圣性延续

在荷兰东部的埃斯特（Elst），亦可观察到城市中心神圣性的延续。埃斯特位于古城奈梅亨的北边，在古罗马时代，奈梅亨扮演莱茵河畔边防城市的角色，埃斯特则是河对岸之日耳曼人的聚落。在长久的岁月中，埃斯特始终是个名不见经传的小镇。到了第二次世界大战末期，盟军在奈梅亨附近地区空投大量伞兵与防守的德军交战，战火无情地摧毁了位

荷兰埃斯特的圣威伦夫立杜斯教堂之现况。

于埃斯特的圣威伦夫立杜斯教堂（St. Werenfriduskerk）。这时人们在教堂的废墟底下发现了惊人的景象：在这个教堂原址，似乎曾经存在着许多不同年代的建筑。经过战后考古学家们的研究，终于得知此教堂地基至少曾是五座宗教建筑的遗址。

最早可确认的建筑应是古罗马时代的两座神庙建筑。当埃斯特仍是日耳曼人的小聚落时，此地曾是聚落的宗教仪式空间，亦是聚落中心的所在地。在强势的罗马文化下，日耳曼人的宗教受罗马宗教的影响，甚至在其传统宗教仪式空间盖起罗马式的神庙建筑，供奉日耳曼以及来自罗马的神祇（White，1990：26-27）。据推测，在教堂原址的第二座建筑即

修复后的圣威伦夫立杜斯教堂，其南侧外部保留了第二座神庙的残迹。

是一座有着罗马式神庙规格与外观的建筑（Bogaers，1984：1-4）。更有趣的是，这两座日耳曼人所建的神庙有着坐北朝南的配置，与罗马神庙之坐西朝东的传统明显不同。

到了5世纪末，当日耳曼人灭了西罗马帝国之后，他们开始接受基督教信仰；往后的数百年间，这些日耳曼人的聚落与城镇开始有基督教教堂出现。在此过程中，埃斯特的神庙遭到拆毁，在原址上陆续兴建了三座教堂。根据考古学家研判，它们分别为早期基督教教堂、仿罗马式教堂以及哥特式教堂（Bogaers，1984：1-4）。在“二战”中被摧毁、如今已被修复的圣威伦夫立杜斯教堂即为三座教堂中的最后一座（Bogaers，1984：1-4）。从先前的两座神庙至后来的三座教堂，它们的中心点几乎都在同一个位置，只是后来的教堂变成入口面西的朝向。

比起阿尔勒，埃斯特之新旧神圣空间的取代关系显得更为直截了当。阿尔勒毕竟是一个罗马帝国的大城市，其内部的宗教、政治、经济与社会运作体系都较为复杂，即便进入基督教时代，城市统治者仍须顾虑到城市的传统以及市民对旧宗教的感受，因此旧的神庙无法在一夕之间被新的基督教堂所取代。作为新兴神圣空间的教堂，一开始只能先依附于既有的城市中心，与先前的神庙并存，直到神庙拆毁后，才正式取代旧有的神圣空间，完全负担起赋予中心神圣性的崇高角色。

在埃斯特这种小聚落，统治者与居民对于新宗教往往较容易达成共识。对他们来说，直接拆除旧神庙并在原址盖新教堂，这种做法不至于引起太大的挣扎。埃斯特的城市中心，因此维系了至少两千年以上。类

曾经存在于圣威伦夫立杜斯教堂原址的第二座罗马式神庙想象模型。摄自奈梅亨的瓦克霍夫博物馆。

罗马米兰达的圣罗伦佐教堂，原是一座建于 2 世纪的安东尼诺与佛斯提纳神庙，在 7 世纪时首度改建为教堂，今日的教堂为 17 世纪所建。

罗马卡色雷的圣尼古拉教堂，其原址曾是供奉史佩丝、雅努斯与朱诺的三座神庙。

似埃斯特这种神圣性空间延续的案例，在欧洲众多的城市里都可观察到。

罗马城内宗教空间神圣性之延续

如同埃斯特，在罗马帝国的首都罗马城内，可以发现许多直接由神庙变成教堂的案例。除了扮演城市中心的罗马广场与神庙等建筑群外，罗马城内亦有不同层级的区域中心，这些区域中心皆有如同城市中心的神圣性特质，赋予这种神圣性特质的就是位于这些区域中心的各式神庙。当帝国进入基督教时代，许多区域中心的神庙跟着改变成为教堂。

今日罗马米兰达之圣罗伦佐教堂（Chiesa di San Lorenzo in Miranda），其原址为2世纪所建的安东尼诺与佛斯提纳神庙（Tempio di Antonino e

罗马科斯梅丁之圣玛丽亚教堂，建于4世纪。

科斯梅丁之圣玛丽亚教堂，其内部大量使用来自不同神庙的柱子。

特拉特维雷之圣玛丽亚教堂，其内部大量使用来自卡拉卡拉浴场以及其他不同神庙的柱子。

罗马特拉特维雷之圣玛丽亚教堂，建于4世纪。

Faustina），在7世纪时，此神庙改建为教堂；虽然在17世纪时曾大规模改建，但原有的神庙柱廊始终是教堂外观的一部分。罗马卡色雷之圣尼古拉教堂（Basilica di San Nicola in Carcere），原址曾是分别供奉史佩丝（Spes）、雅努斯（Janus）与朱诺（Juno）的三座小神庙，至今教堂的南侧外墙仍保留着朱诺神庙的部分立柱。这两座教堂不但建于神庙的原址之上，更保留了神庙的原有配置、朝向以及部分构造体。

罗马有许多重新兴建的早期基督教教堂。或许是因为经济因素，或许是因为无法完全忘却旧有神庙建筑的神圣性，在兴建教堂时，人们仍试图从神庙的毁弃构造体中搜集建材，将这些依附着神圣性的旧建材作为新教堂建筑的一部分。如罗马科斯梅丁之圣玛丽亚教堂（Basilica di Santa Maria in

Cosmedin，4 世纪）与罗马特拉特维雷之圣玛丽亚教堂（Basilica di Santa Maria in Trastevere，4 世纪），内部都大量使用来自不同毁弃神庙的柱子。

宗教形象之神圣性延续

在宗教变迁过程中，不止是城市或区域中心的宗教空间得以维持其既有的神圣性，在某些宗教艺术的形象上，亦可以观察到神圣性的延续现象。来自德国莱茵河流域的两座雕像，呈现相似的“母亲抱婴”的主题与形式；其一是 1 世纪左右的女神抱子像，另一则是 13 世纪的圣母抱圣

罗马帝国时期，德国莱茵河流域的女神抱子像，摄自科隆的“罗马－日耳曼博物馆”（Römisch-Germanisches Museum）。

13 世纪时，德国莱茵河流域的圣母抱圣婴像，摄自明斯特大教堂的圣器收藏室。

婴（孩提时的耶稣）像。如同人们无法忘却依附于旧有神庙原址或建筑体上的神圣性，他们亦无法忘却依附于传统宗教形象上的神圣性。

在欧洲由传统宗教进入基督教的过程中，除了少数知识精英曾认真思考（或挣扎）新神学对宗教仪式与生活所带来的改变，一般人往往仍在基督教的仪式与生活中，延续旧宗教的习俗传统。虽然9世纪时，罗马教廷将这种宗教形象的雕刻视为偶像崇拜的遗留，强烈禁止过，但此传统实在根深蒂固，根本无法禁绝。罗马教廷最终还是接纳了这种传统，使其成为基督教艺术的一部分。这个过程中，被迫改变的并非这些依附着神圣性的宗教形象，而是对这些宗教形象的神学论述（Eliade，1985：59-61）。

中世纪后的城市中心

中世纪之后，欧洲兴起了许多罗马帝国时期尚未出现的城市。虽然这些城市的中心并未拥有过如“罗马神庙”、“神庙前广场”与“广场旁之执政厅”的组合模式，但如同前述的阿尔勒，“基督教教堂”、“教堂前广场”与“广场旁之市政厅”的组合模式普遍出现在这些城市的中心。因此，“超越界力量”、“世俗统治权力”与“市民社会”仍得以在城市中心紧密结合，城市中心继续以这种方式保有传统的神圣性特质。

从德国汉堡的城市平面图可以看出，城市的中心矗立着高耸的圣尼古拉大教堂（Hauptkirche St. Nikolai）。经历多次修建后，现今的建筑体为19世纪所建的新哥特式教堂。由于“二战”的破坏，如今教堂仅剩一座高塔。即便如此，在汉堡市民的意识中，此教堂始终都代表着汉堡的城市中心。

在荷兰代尔夫特更可以看到教堂、广场与市政厅在城市中心的理想配置方式。如代尔夫特平面图所示，城市中心为一个大广场，广场的东侧为新教堂（Nieuwe Kerk），西侧则为市政厅，这种配置明确地再现了基

德国汉堡的城市平面图，制于 17 世纪，显示出城市中心是高耸的圣尼古拉大教堂。

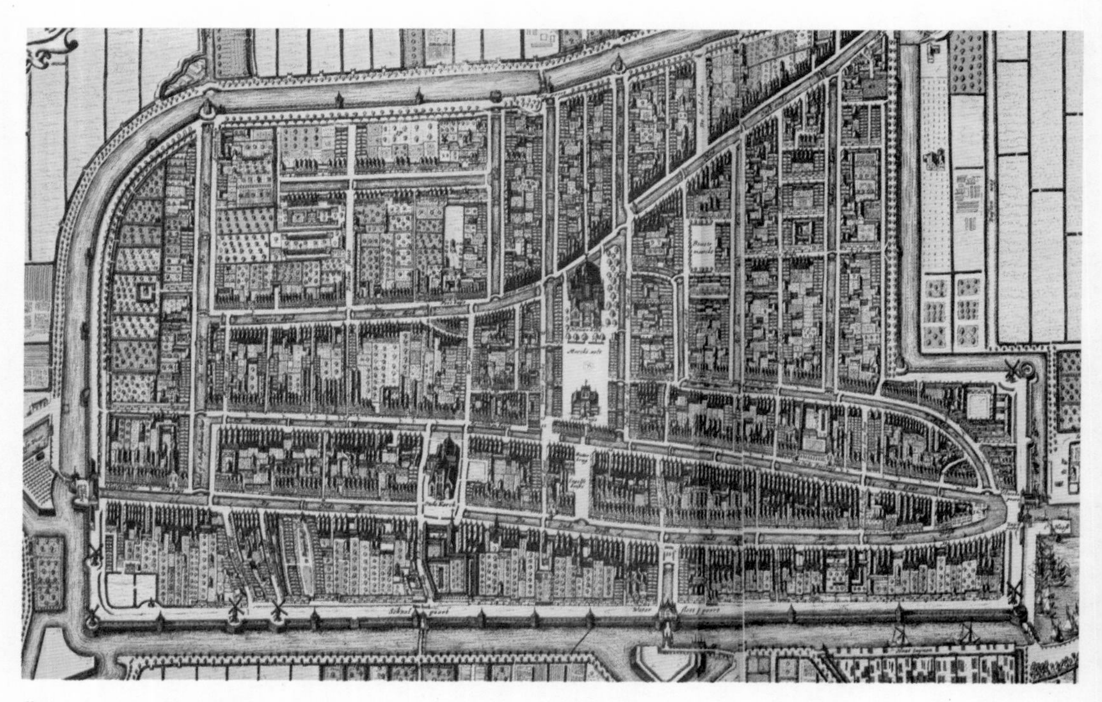

荷兰代尔夫特的城市平面图（上方约为东方），制于 17 世纪，显示出城市的中心为一大广场，广场的东侧为新教堂，广场的西侧为市政厅。

汉堡的圣尼古拉大教堂最初为 14 世纪所建，之后经历数次的修建，现今的建筑体为 19 世纪重建的新哥特式教堂，然经第二次世界大战的破坏，目前仅存教堂的高塔。

督教的神学观。

从早期基督教的教父时代（Patristic Times）起，教堂即被视为圣城耶路撒冷、天堂或世界的象征，其内部四方代表着世界的四个方位。教堂的东方指向圣城耶路撒冷，代表了日升之方的天堂；教堂的西方代表了幽暗与死亡。因此，教堂的祭坛通常坐落于内部的东侧，代表着天堂。基督徒们相信，当末日来临且所有的亡者复活时，他们将由西方进入教堂，

代尔夫特的新教堂，建于 15 至 16 世纪。

代尔夫特的市政厅。

面对自天堂降临的上帝，聆听最后审判（Eliade，1959：61-62）。在这种观念下，教堂的理想位置往往是广场的东端，因其可拥有一个同时朝向西方与广场的入口。市政厅的理想位置则是广场的西端，因为在这个方位统治者既可朝向代表超越界力量的教堂暨天堂，也可同时朝向代表市民社会的广场。

以教堂作为城市中心的传统，甚至影响了中世纪结束后的城市规划观念。15 世纪中叶时，由于武器、战争模式与防御观念的改变，欧洲发展出星形堡垒城市的观念，虽然这反映了高度的科学性与技术理性，但人们仍寄望传统的宗教空间继续作为城市中心的主要元素。以位于荷兰阿姆斯特丹东南方不远处的纳尔登（Naarden）为例，由于其战略上的重要性，在 17 世纪时被重新规划成一个典型的星形堡垒城市。在城市形式的变化过程中，城市规划师仍将一座早在 14、15 世纪即已存在的圣维徒

荷兰纳尔登的圣维徒司教堂，建于 14 ～ 15 世纪，并曾于 17 世纪时重修。

司教堂（Sint-Vituskerk）作为新城市规划的几何中心，使它继续作为城市空间秩序的基准，延续城市中心应有的神圣性。

中世纪后的城市中心与四向之关系

中世纪之后的欧洲城市，除了中心的神圣性得以延续，其城市中心与四向之间的关系仍可明确察觉到。以建于10世纪的德国戈斯拉尔为例，其中心为一座建于12世纪的圣库斯玛与达米安教堂（Marktkirche St. Cosmas und Damian）。通过这个城市模型可以清楚发现，在城市的东、西、南与北四个方位上，还坐落着一两座较小的教堂，紧邻着城市四方的入口处。目前位于城南的圣西门与犹大教堂（Stiftskirche St. Simon und Judas）已毁坏，仅存建筑体北侧的小礼拜堂。除此之外，城东、城西与城北处的教堂皆依旧完好。

这种以中心教堂搭配四方教堂的模式普遍出现在许多中世纪的城市，如荷兰的乌得勒支。建筑史家麦金将乌得勒支视为“圣城耶路撒冷”的再现，充分表达出“上帝在世上之王国”（earthly Kingdom of God）的政治与宗教意涵（Mekking，1988：23，27，42）。此教堂的配置模式意味着，人们欲借由世俗的统治力量——“中心的市政厅”与“四方的城门”——来巩固城市秩序，同时亦期望借由来自超越界的力量——“中心的主教堂”与“四方的次要教堂”——保卫城市的安全。与古罗马时代一脉相承，这样的教堂配置方式充分反映出“世界轴与宇宙十字”的人为空间传统，体现了被人们投射于地面的宇宙秩序。

以宗教建筑来呈现城市中心与四向之关系，这种模式在传统的汉人聚落中亦可发现。如在台湾地区以及周边离岛的村镇，都有“五营”的传统；其以村镇中心的主庙扮演中营的角色，以东、西、南、北方之村镇边

德国戈斯拉尔的圣库斯玛与达米安教堂，建于12世纪。

德国戈斯拉尔的城市模型，上方为北方。

由城市中心之圣库斯玛与达米安教堂的高塔上，远眺城市东端的史蒂芬教堂。

建于 11 至 13 世纪的圣西门与犹大教堂，位于戈斯拉尔城南，目前大部分建筑体已毁坏，仅存北侧的小礼拜堂。

界上的小神龛或竹牌代表四个外营，这样的组合象征超越界的神祇与神兵驻守在聚落的中心与四方，防止邪恶力量的入侵，保卫居住领域的安全。此汉人聚落的“中营与外四营”与欧洲城镇的“中心教堂与四方教堂”，在观念或表现上，确实可以相互比拟。前者受到汉人阴阳五行观的影响与强化，其表现往往比后者更加明显。

城市中心神圣性特质作为一种普世现象

从前面的讨论中，大致观察了两千年以来欧洲城市中心所呈现的神圣性特质及其延续。宗教史学家伊利亚德在其著作《圣与俗》中一开始即明言：“对于有宗教信仰的人来说，空间不会是均质的。”（For religious

穿着象征五行之五色的五营将军像，位于台湾鹿港。

man，space is not homogeneous.）（Eliade，1959：20）人们的居住空间中，无论是大是小，必定会有“神圣与世俗”以及“秩序与非秩序”等的二元性区别，且空间的中心永远是神圣的来源以及秩序的基准。

在不同文化中，人们往往对其居住空间的中心有类似的表现与诠释，无论它们是城市中心的教堂、村落中心的寺庙甚至是部落中心的营火，人们对这些中心的表现与诠释往往呼应了他们各自的宗教传统、宇宙观和社会体系。在人类的漫长历史中，文化会改变，宗教会改变，然而人类对于其居住空间之中心的渴望与需求，却是永恒不变的。

注 释

- 注：关于古罗马神庙的朝向，罗马建筑师维特鲁威在其公元前 1 世纪所作之《建筑十书》中有概略说明。原则上，在没有任何地势影响的情况下，神庙正面最好能够朝向西方，这样的配置可使进行献祭的人们面朝着神圣的日升之方，神像亦可由此神圣的东方注视着献祭的人们（Vitruvius，116-117）。然而，也有许多神庙采取面朝东方的配置，以使里面的神像可以直接面朝东方日升之地。无论如何，朝东或朝西的配置是大部分古罗马神庙所依循的原则，这种原则亦影响了后来基督教教堂的配置。

参考书目

- Mekking, Aart J. J.. Een Kruis van Kerken rond Koenraads Hart. Een Bijdrage tot de Kennis van de Functie en de Symbolische Betekenis van het Utrechtse Kerkenkruis alsmede van die te Bamberg en te Paderborn. In: *Utrecht. Kruispunt van de Middeleeuwse Kerk. Voordrachten gehouden tijdens het Congres ter Gelegenheid van Tien Jaar Mediëvistiek, Faculteit der Letteren, Rijksuniversiteit te Utrecht, 25 tot en met 27 augustus 1988*. Utrecht: Clavis. pp. 21-53. (1988).
- Mekking, Aart J. J.. *Architecture as a Representation of Reality*. Leiden. (2004).
- Bogaers, J. E. *Een Eeuwenoude Cultusplaats: Nederlandse Hervormde Kerk en Toren te Elst in de Betuwe*. Elst: Herberts B. V. (1984).
- Crowe, Norman. *Nature and the Idea of a Man-Made World: An Investigation into the Evolutionary Roots of Form and Order in the Built Environment*. Cambridge: MIT Press. (1995).
- Dripps, R. D.. *The First House: Myth, Paradigm, and the Task of Architecture*. Cambridge: The MIT Press. (1997).
- Eliade, Mircea. *A History of Religious Ideas. Trans. Alf Hitebeitel and Diane Apostolos-Cappadona*. Chicago: The University of Chicago Press. (1985).
- Eliade, Mircea. *The Sacred and the Profane: The Nature of Religion. Trans. Willard R. Trask*. New York: Harcourt. (1959).

- Vitruvius. *The Ten Books on Architecture.* Trans. Morris Hickymorgan. New York: Dover Publications.
- White, L. Michael. *Buiding God's House in the Roman World: Architectural Adaptation among Pagans, Jews, and Christians.* London: The John Hopkins University Press. (1990).

后 记

我们在建筑内诞生，在建筑内成长，在建筑内老去，也在建筑内死亡，建筑贯穿了人的一生，不管长短。在建筑与建筑群中，我们有了婚姻，有了家庭，有了族群，有了社会，也有了政治，建筑联系了所有人，无分贵贱。我们在泥土上建筑，在岩石上建筑，在高山上建筑，在谷地里建筑，在森林里建筑，也在沙漠中建筑，建筑衔接了人类与自然，无论荒原与美地。为了容纳人类的一切活动，我们设计并盖起了建筑；而通过建筑，我们亦可认识人类活动的一切；更者，若能够进而理解建筑的历史，或许我们将有机会探索人类活动的历史轨迹及其复杂意义。

1995年，我带着这样懵懂的观念，从台湾南部的成功大学建筑系毕业后，继续进入同校的建筑研究所建筑历史与理论组硕士班就读。两年期间，在特定时空脉络下以系统方式研习西洋建筑史、近现代建筑史、中国建筑史等，并探讨许多建筑现象。在此过程中也不时发现，不少建筑现象并非仅存在于某一特定的时空脉络，而是跨地域与跨文化的普世存在。举例来说，我们都知道“合院”对于汉人传统建筑的重要性，且其不只是物理环境上的意义，更呼应了汉人的社会观、宗教观及宇宙观；然而，这样的认知往往被过度强化，以至于许多人以为汉人传统的合院建筑是世界所独有的，殊不知此所谓“合院”或“中庭”的空间观念普遍存在于世界各地的建筑传统中。可惜两年太短，面对这些共通且值得深究的建筑现象，并没有机会深入探讨。

毕业后，我在台北的建筑师事务所工作数年，其间也接触了许多房地产集合住宅设计案。这些设计案令人又爱又恨，爱的是它们都有一定模式，因此可以在短时间内完成一个案子，恨的是这些案子往往需要花许多心思处理所谓的“风水”问题，例如检讨客厅与主卧室的开窗是否会被其他建筑的屋角与柱子“冲煞”到，检讨屋内的厕所是否不小心位于住宅平面的中心点，或检讨某根梁是否造成“压床”的问题，等等。今天的大学建筑系教育通常不会提到这一类问题，因为这些风水禁忌往往与当代建筑设计观念相违背，或被视为没有科学根据的古老迷信。然而这些被视为迷信的传统观念，却是真真实实地持续影响当代的建筑实践；不能否认，从某些方面来说，这些被归类于“现代”形式的房子，仍是“传统”观念的体现。

2004 年，我进入荷兰莱顿大学（Leiden University）艺术史系攻读建筑史的硕士与博士学位，有幸加入指导教授 Aart Mekking 的“比较世界建筑学”（Comparative World Architecture Studies）研究团队。并因此发现，西方自 19 世纪以来所建立的各种建筑史体系，在面对后殖民、跨文化与跨地域的多元建筑现象时，早已出现左支右绌的困境，既有的建筑史研究架构已出现局限性。Aart Mekking 教授所发展出来的比较建筑学研究范式（paradigm）与方法论体系，将可突破这样的困境与局限性，让跨越特定时空脉络的建筑现象可以在有效的分析架构下进行讨论。当然，这并非意图推翻或轻视过去建筑史领域在特定时空脉络下的研究成果，而是让我们有机会同时从“地域视野”（local scope）以及“寰宇视野”（worldwide scope）探讨建筑现象在不同层次上的意义。

在 Aart Mekking 安排的课程中，我发现汉人的风水观念并非独有的建筑传统，例如印度的 Vāstu-Shāstra 就是一套与汉人风水高度相似的体系；因此，笔者便以“汉人风水与印度 Vāstu-Shāstra 建筑传统中的守则与禁忌之比较研究”（Comparing the Do's and Taboos in Chinese Feng-Shui and Indian Vāstu-Shāstra）作为博士论文主题。研究过程中，发现了更多令人惊讶的事实，如汉人风水中的冲煞禁忌，在印度许多 Vāstu-Shāstra 的古籍中都可发现类似的描述，且仍在当代印度的建筑实践中具有高度影响力。有趣的是，我曾于 2008 年初至北印度艾哈迈达巴德（Ahmedabad）参加了一场关于传统聚落与民居的学术研讨会，其中某位印度建筑学者发表论文时，以自信的口吻说："中庭，是传统印度建筑的灵魂，以中庭为住宅核心空间的印度建筑，是世界特有的文化。"

我们没有必要讪笑这位学者，因为有着类似盲点的人比比皆是，无论是建筑学者，或是建筑从业人员。由于这样的盲点，我们往往会过度夸大某种建筑现象的特殊性，或者会以过度夸大的二元对立观点来描述或理解建筑，如将建筑硬生生划分为"传统与现代"、"东方与西方"、"宗教与世俗"、"都市与乡村"、"公共与私人"等等，而这样的二元对立观念已让我们错过许多精彩的建筑主题，并成为理解建筑多元与多层次之意义的阻碍。

或许是 2008 年那场研讨会印度学者的一席话，启发了我对于本书内容的构思。本书所要强调的是，人类共享同一个世界，也因此共享了许多相同的经验来源，这些相同的经验来源也成就了许多人类共同的建筑现象，以及许多共同的建筑意义。在长远的历史中，人类发展出不同的政治、社会、经济、宗教、哲学与技术体系，这些不同的体系加上不同的自然环境，必然会导致不同地域与不同文化下建筑形式的差异。即便如此，只要通过适当的观察与理解方式，我们将可发现，任意两个不同时空脉络下的建筑现象，或许在某个层次上有着不同的意义，但却可能在另外一个层次上找到相同的意义。

2009 年夏天，感谢台北典藏艺术家庭出版社的支持，让当时仍是博士生的我能够出版此书。2012 年我取得博士学位，并于 2013 年开始在阳明山上的中国文化大学建筑及都市设计学系任教。非常高兴生活·读书·新知三联书店愿意出版此书，让我能与更多的大陆读者分享对于建筑的粗浅看法。本书内容虽然呼应了比较建筑学研究的观点，但尽量避免严肃的学术字句，期待读者们能够暂且抛弃现有建筑史分类架构的沉重包袱，以一个新的视野接触世界各种有趣的建筑文化与现象。

本书部分内容提到中国的城镇与建筑，其中一篇即关于泉州城内普遍可见的“莫卧儿拱式”（Mughal Arch）。巧的是，我今年初有机会再度造访泉州城两次，通过厦门华侨大学建筑学院以及泉州当地的专家学者们，自己对这个古老城市有了更深一层的认识，幸好在这些新的认识之下，该篇的论述大致上仍能站得住脚；但我内心却也矛盾地期待，在读者们的锐利眼光下，这篇文章连同其他文章，都将必须也都能够获得重写的机会。

2014 年 4 月 23 日